蔬食料理技藝大全

英倫名廚布林教你運用32種家常蔬果，烹調出105道少肉多蔬的原味料理

布林．威廉斯 Bryn Williams × 凱伊．普朗琪特霍格 Kay Plunkett-Hogge 著

安迪．蘇威爾Andy Sewell 攝影

游卉婷、王心宇 翻譯

目錄

水果

香料 196

飲料 208

基礎料理 214

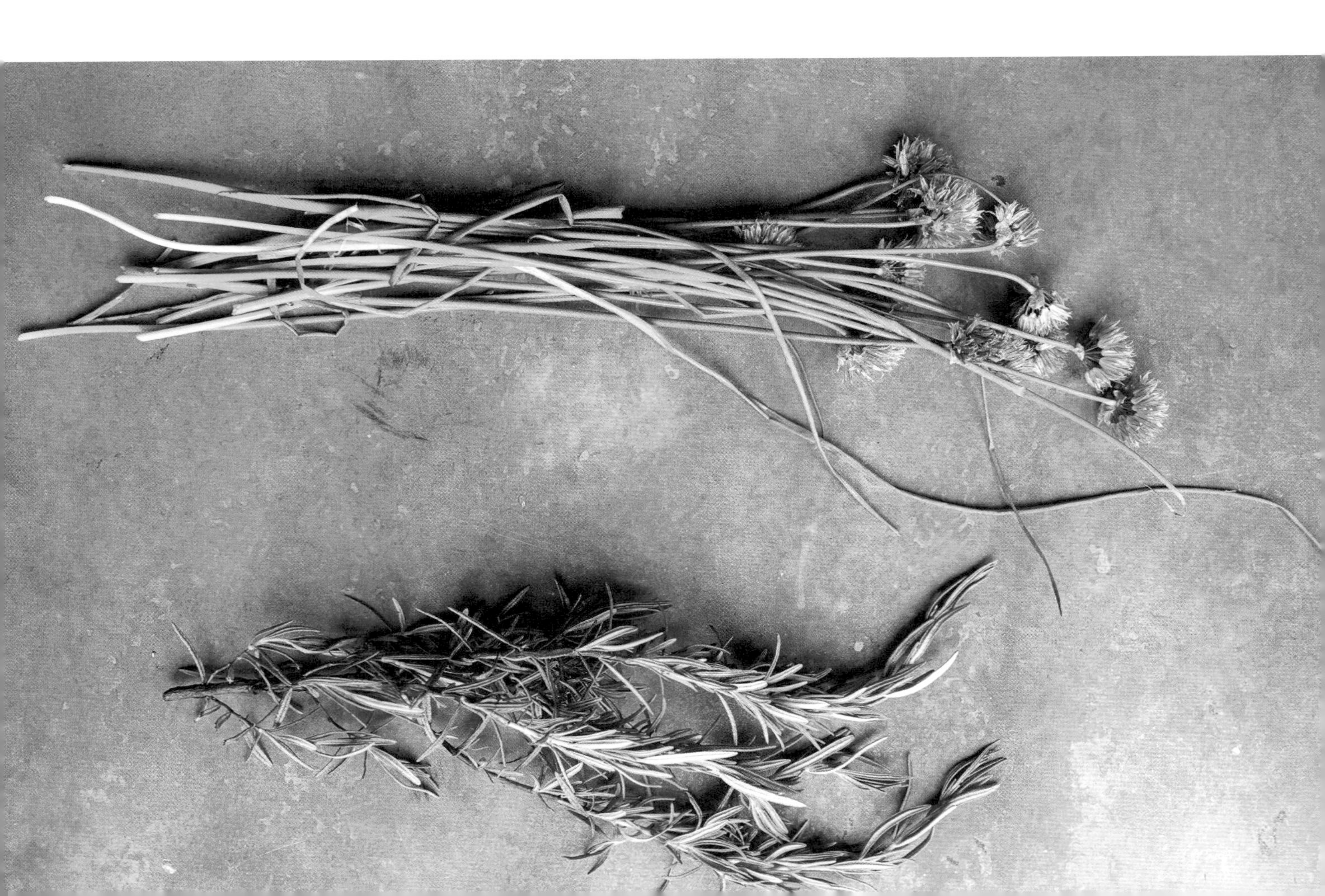

前言：從廚房工作中體認對食材的尊崇

大部分年輕廚師都是從蔬菜區開始職業生涯的，洗淨、削皮、挑整、切碎：這些都是我們共同的經歷，更是廚藝教育的重要階段—很辛苦，卻可以學到很多。蔬菜區讓我重新認識這些驚人食材，啟發我對蔬菜的想像，讓從小生長在農場的我，更深入了解這些自然物產。

回顧我超過15年以來在各大廚房的工作經驗，我發現我們通常會把蔬菜當成餐盤上的配菜，我們非常清楚有各種烹調肉品的方法，可以燴、烤、燉、炙烤、快炒、燒烤或翻炒，而且知道不同部位的肉在不同烹調方法下會有什麼效果—我想大部分的人應該不會用平底鍋煎牛腱肉，或是用慢煮的方法烹調軟嫩的菲力吧。不過我們多半忘記了，水果和蔬菜也有各種料理方法。不同品種的蘋果、馬鈴薯或是南瓜，都有各自適用的料理方式，既營養又方便處理的花椰菜也可以很有創意—除了水煮或是拌進起司醬之外還有很多種方法。儘管蔬菜比較樸素，也比我喜歡的比目魚或上等小牛肉更便宜，但每一種蔬菜都值得我們用料理魚或肉類的標準加以精心調理。

我18歲時就明白這個道理，當時我在荷蘭馬斯垂克附近的一星餐廳尼爾蓋酒莊（Chateau Neercane）工作。我們通常會用白蘆筍做料理，必須要用份量精準的水，準確測量鹽用量，然後以精準的時間水煮白蘆筍，這樣就能烹煮出完美無缺的蘆筍料理。即便我早已清楚農夫花了多少心血辛苦栽種這些作物，但我是到這裡才開始學會懂得尊重廚房裡的任何蔬果。

這個概念就是完成本書的骨幹，本書內容的所有食譜，都是為了展現我們對蔬食的珍賞，為了要和肉類與海鮮取得平衡，蔬菜其實也是廚房中的重要主角。

不過，本書並非專為素食者寫的書，而是一本以「如何讓蔬果成為餐點主角而非配角」為主題的著作；本書緣起於以下兩個問題。

第一、我經常在餐廳裡遇到客人問我要如何處理過剩的蔬果。他們之所以會有這些疑問，不外乎「吃不完」或是「長太多」這兩種原因：有些人家裡冰箱深處總是會剩一些西洋芹或是半根小黃瓜；有些人則是家中庭院長了一大堆番茄或蘋果。因此，我想提供一些實用的食譜，協助他們充分使用這些蔬果。

第二、我們餐廳曾推出一場分享餐會，以野味為套餐主題、餐後甜品是蘋果塔佐蘋果白蘭地奶油。在那次餐會之後，我突然想到，我們能否用單一食材做出包含甜點在內的分享餐會？為了這個想法，我們決定從蔬菜開始，並且是有天然甜味、可入菜、可做甜點的蔬菜；於是我們餐廳的分享餐會，就變成讓這些蔬食成為耀眼明星的活動，當時研發出來的食譜，也是本書的重點內容。

在我的第一本書中，我曾提到農夫如何辛苦耕種出我們每天所吃的蔬果，談及我兒時在叔叔家的農場長大，也曾栽種、收成過馬鈴薯和甜菜根。我們人類與土地之間的關係密不可分，或許我們常常忽略這件事，然而，正因為我曾親身體驗過，我才明白蔬果作物是多麼得來不易。我們在超級市場裡看到的那些農產品，多半是用塑膠袋或保鮮膜包裝好的，且絕大多數是經銷商依據外觀完整度而非風味所挑選出來的，我們常常把這些架上的產品視為理所當然，但我們可能從未想過，這些農作物是如何挺過六個月的工作才被擺上商品架，我們不知道整地、耕作有多辛苦，播種、灌溉到收成有多艱難，也壓根沒想過，只要幾個禮拜的烈日酷暑，就能摧毀整塊農地。

我們對於農作物的認知可能十分有限，但比起繼續講這些食材的故事，我更想在這本書中與讀者分享的，是我如何從廚房而非土地上的蔬果感受到對萬物的尊崇。我也想告訴讀者，這些蔬果除了美味之外，其實還有非常多的用途，而料理它們的方法也毫不設限。

這裡介紹的某些烹飪手法可能比較麻煩，但所有食譜都有一項共通之處：我既然要做蔬菜料理，就要確保你能從成品中吃到蔬菜。我想為這些餐盤上的蔬菜發聲，為了做到這一點，不論是否將蔬菜拿來搭配肉類或魚肉，都絕對不會讓蔬菜味道被蓋過或流失掉，我要讓讀者知道，蔬果絕非僅僅是配菜或裝飾，而是與肉類同樣重要的主題，沒有蔬果，就會使料理失去精髓。

現在，就一起來做「菜」吧！

蔬菜

野菇與松露
口感厚實，滋味鮮甜

我愛菇類，看過我前一本書的人都很清楚我多麼推崇菇類！蘑菇、洋菇、野菇在廚房裡都有其用武之地，可為所有料理添加濃厚的麝香香氣，以及豐富的味道和口感，而且一年四季都盛產各種不同的菇類。

不過，就算能輕易取得豪華的牛肝菌和雞油菌，我仍會選擇用簡單的洋菇或厚實的波特菇，做成週六晚上煎牛排的配菜。

至於松露，濃郁芬芳的它無疑是大自然的瑰寶，使用一點點就能令香氣持久不散，因此，儘管松露昂貴，但想要品嚐其獨特美味，並不會讓我們傾家蕩產，通常只要使用一小滴油來調和即可。

若要用菇類來搭配蔬菜食材，我會建議盡你所能去找最新鮮的來使用，但我並不是在鼓勵你自己去摘採來歷不明的野生菇類。我從小在威爾斯長大，住家附近處處可見野生菇類，除了野蘑菇之外，其他的菇類我們都不認識，因此也不敢亂摘！並不是所有的野生菇類都可食用，很多可怕有劇毒的菇類都長得非常誘人，除非你很清楚菇類的門道，否則我強烈建議不要任意自行摘採，請向專業人士或商店購買。

清理菇類請用刷子──盡量不要用水清洗。

挑選菇類，要找：
*** 無污點、無破碎的硬挺菇類；有黏液或濕軟的蕈菇就不好。**

烤野蘑菇—蕈菇界的牛排

4人份

大塊且肉質厚實的野蘑菇—好比蕈菇界的牛排！這道菜利用混合香料與芥末的奶油裝填蘑菇，搭配口感清爽又美味的巴西利沙拉。我非常喜歡在看球賽時吃這道菜搭配烤好的麵包。

250克無鹽奶油，軟化
2瓣大蒜，壓碎
1顆紅蔥頭，去皮後切成細末
1大匙第戎芥末
1大匙切碎的平葉巴西利
8大朵野蘑菇，去蒂備用
鹽和現磨黑胡椒

紅蔥頭巴西利沙拉的備料有：
1顆紅蔥頭，去皮後切薄片
1把平葉巴西利，切碎
50毫升奧黛特招牌淋醬（請見217頁）

以攝氏180度預熱烤箱，在碗裡放入奶油、大蒜、紅蔥頭、第戎芥末和巴西利，用鹽和胡椒調味後攪拌均勻，靜置備用。

挑整好野蘑菇後，菌摺部分朝上擺放在烤盤裡，每一朵放上一匙香草奶油，根據蘑菇大小不同烤7到10分鐘。

把剩下所有材料混合做成沙拉，另外用鹽和胡椒調味。

烤好的蘑菇可以搭配沙拉享用。

羊肚蕈油煎鰈魚——夏季到入秋之時的人氣料理

4人份

這道料理是奧黛特餐廳的經典菜色之一，夏季到入秋之時更是人氣熱銷款。馬德拉酒（註）和羊肚蕈是絕配組合，可以帶出鰈魚精緻的甘甜鮮味。

4片帶骨小鰈魚，去皮
50毫升植物油
100克固態奶油
1顆紅蔥頭，去皮後切細末
200克新鮮的小朵羊肚蕈，洗淨
1小枝百里香
150毫升馬德拉酒
150毫升雞高湯
150毫升重乳脂鮮奶油
鹽和現磨黑胡椒

鰈魚先用鹽和胡椒調味，以中火加熱大型平底鍋，加入植物油，鍋熱後放入鰈魚，煎3至4分鐘。加入50克的固態奶油，待熔化起泡後，將魚翻面再煎3至4分鐘。之後起鍋，讓魚保溫靜置一旁備用。

再以中火燒熱原來的平底鍋，鍋熱後放入剩下的固態奶油，熔化後放入紅蔥頭翻炒但要保持原色。接著放入羊肚蕈和百里香，繼續翻炒2至3分鐘。倒入馬德拉酒，酒汁炒至收乾剩一半時倒入雞高湯，繼續烹煮至燒滾後再收乾一半湯汁。接著倒入重乳脂鮮奶油攪拌—要攪拌到鮮奶油顏色變得像咖啡歐蕾一樣。再次讓醬汁煮滾後用鹽和胡椒調味，之後起鍋。

盛盤時，將整片鰈魚放在一個大盤子上，倒上羊肚蕈醬汁。如果時節許可，我喜歡用蒸過的綠蘆筍一起搭配著吃。

布林的秘訣：
盡量不要以其他種類的紅酒來替代馬德拉酒，馬德拉酒是讓這道菜成功的重要關鍵，因為其獨特風味最能與羊肚蕈完全搭配。

（註）：馬德拉酒Madeira，是紅酒的一種，產自西非外海的馬德拉群島（隸屬葡萄牙的自治區）。馬德拉酒有多種不同類型，有可當作開胃酒單獨飲用的干型、和甜點一起享用的甜型，以及加了鹽和香料的廉價款，專門用於烹飪。

烤牛肝蕈牛肋排 —
大份量飽足感的豐盛料理

4人份

這道菜份量實在、味道非常誘人，適合與親朋好友共享。

2塊帶骨牛肋排，總重大約500克
3大匙植物油
800克牛肝蕈，洗淨
6瓣大蒜瓣，去皮後切薄片
150克奶油
1把平葉巴西利，切細末
鹽和現磨黑胡椒

以攝氏180度預熱烤箱。

用大量鹽和胡椒調味牛肋排。

用大火燒熱厚底烤盤（或是可放入烤箱的煎鍋），燒熱後倒入兩大匙植物油再擺入牛肋排。煎烤直到牛肉肉汁完美密封在內，一面大約是3至4分鐘。這階段千萬不能搶快，牛肋排的顏色會呈現出漂亮的黃褐色。

將肋排放入烤箱，烤上10至12分鐘，直到呈現五分熟的狀態。移出烤箱後把肋排包好靜置一旁15分鐘，接著用烤盤烤牛肝蕈。

在每朵牛肝蕈上用刀尖畫4道刀痕，每道刀痕放一片蒜片，並以鹽和胡椒調味。接著把烤盤放回爐上，待烤盤變熱，倒入剩下的植物油，放入牛肝蕈，炒2到3分鐘。把烤盤放入烤箱烤10到15分鐘，接著放入奶油和切碎的巴西利葉，再烤上3至4分鐘，或直到奶油顏色變金黃（注意不要燒焦）。

盛盤時，將牛肝蕈放在肋排旁，別忘了還有肉汁和帶有牛肝蕈香氣的奶油—淋上整道菜時味道最棒！

松露佐義式鳳梨薄片 —
讓一頓飯有了一個獨特又甜美的結局

4人份

不少人會在法國、義大利等地旅遊度假時，買一罐油封松露帶回家，然後把它擺在櫃子裡積灰塵…我自己也是有類似的經驗。這道鳳梨薄片，就是從我那罐很久以前帶回家的油封松露聯想出來的，當初我在倫敦馬里波恩街的奧瑞餐廳工作，我們供應這道甜品，鳳梨極致香甜，搭配充滿泥土和麝香氣息的黑松露，讓一頓飯有了一個獨特又甜美的結局。若你想品嚐這道甜品，前一天就要開始備料。

1顆鳳梨，削皮
500毫升糖水（請見218頁）
1小枝檸檬百里香，只留葉子部分
1茶匙切碎的黑松露
幾滴黑松露油，如果有的話

用銳利的刀子盡可能將鳳梨切成非常薄的薄片，然後鋪一層在烤盤裡。

以低火加熱糖水，直到快要滾的狀態前離鍋，加入檸檬百里香、松露，如果有準備松露油此時倒入，攪拌均勻。趁糖水還溫熱時倒在鋪好的鳳梨片上，包上保鮮膜後靜置冷卻。完全冷卻後就整盤放入冰箱，醃漬一晚。

盛盤時，將鳳梨片放在大盤子上，淋上醬汁，記得要把所有百里香葉和松露末都倒上。

韭蔥
絕對有資格成為餐桌上的主角

在餐廳裡，韭蔥通常被拿來做料理的襯底，而非餐點主角，但其實它們應當有更多上台的機會。待在家時，我喜歡拿一根韭蔥切碎後直接以奶油翻炒，加點鹽和胡椒調味，或是一點咖哩粉（這確實能導出更多風味），這樣就是一道非常棒的配菜。嫩韭蔥快炒是最棒的調理方式：挑整過後直接放入以蔬菜油或麻油燒熱的炒鍋內，加上一點醬油，你就有了最完美的韭蔥料理。

某些料理經常拿韭蔥和洋蔥相互替換，但事實上韭蔥的味道比洋蔥還要更溫和、細緻一些。

記得要確實洗淨韭蔥再開始烹飪—葉片深層很容易卡有泥沙。

挑選韭蔥，要找：
＊硬挺、白色莖部乾淨、頂部葉片翠綠結實。

韭蔥蛋沙拉——運用兩種食材就能做成的法國名菜

4人份

只需要兩種普通食材，就能變出一道法國名菜！別因為食材普通就以為這道菜很平凡，它可是非常美味的。這道菜只需用到韭蔥的白色和翠綠色部分，深綠的葉尖可以拿來做高湯。

4根當季新鮮韭蔥，洗淨挑整備用
2大匙橄欖油
1小枝百里香，只留下葉子部分
少許芹鹽（註）
100毫升奧黛特招牌淋醬（請見217頁）
4顆雞蛋，煮成溏心水煮蛋備用
1把細香蔥，切碎
鹽和現磨黑胡椒

以攝氏160度預熱烤箱。

在一大張鋁箔紙上放上韭蔥，撒上橄欖油、百里香、芹鹽和胡椒。把鋁箔紙包起來，預留一些空間讓韭蔥可以蒸熟。整包放在烤盤上，放入烤箱烤8至10分鐘，或是讓韭蔥剛好熟成就好。之後拿出韭蔥，靜置一旁保溫備用。

在小碗中倒入奧黛特招牌淋醬，溏心水煮蛋剝殼後略切成容易入口的碎塊，記得要保留所有嫩滑的蛋黃。把蛋和切碎的細香蔥一同拌入淋醬中，另外加鹽和胡椒調味。

把溫熱的韭蔥切半，排在大盤子上，用湯匙淋上沙拉淋醬，並將雞蛋均勻鋪在韭蔥上。

最佳食用時間就是趁韭蔥還溫熱時吃。

布林的秘訣：
韭蔥要放冰箱貯存時一定要包好，因為它們的強烈氣味會沾染在其他食物上。

（註）：芹鹽 celery salt，又叫香芹鹽、香芹子，在一般香料行或專業食材行可以購得。

羊奶起司韭蔥鹹派 —
內餡鬆軟派皮酥脆的法式鹹派

6-8人份

人人都愛法式鹹派！這道菜在奧黛特餐廳也相當熱門，很難有人能抵擋得了它鬆軟的內餡和酥脆的派皮。趁熱切塊，搭配綠葉蔬菜沙拉，美味極了！

20克奶油，另外準備一些用來抹烤盤
1份酥皮麵團（請見219頁）
2根韭蔥，洗淨挑整備用
1茶匙你喜歡的咖哩粉
6顆雞蛋
700毫升重乳脂鮮奶油
100克軟式羊奶起司
鹽和現磨黑胡椒

在直徑約23公分、附有可卸式底盤的烤模上抹點奶油。

在桌上灑些麵粉，擀平酥皮麵團，放進烤模中，靜置約1小時。以攝氏160度預熱烤箱，在放有麵皮的烤模裡鋪上烘焙紙和壓派石，烤25分鐘後從烤箱拿出烤模，拿掉烘焙紙和壓派石後，靜置一旁讓麵皮定型。

韭蔥切半後再切細絲，在深鍋中放入奶油，並以中火加熱，之後放入韭蔥，以鹽、胡椒和咖哩粉調味，翻炒直到韭蔥上色變軟。起鍋後靜置一旁備用。

把雞蛋放入大碗裡打散，倒入重乳脂鮮奶油後輕輕攪拌，放入撥碎的羊奶起司，另外用鹽和胡椒調味。

將熟成的韭蔥放到定型的塔皮裡，倒入攪拌好的蛋液拌料，放入烤箱烤35至45分鐘，或直到烤熟、頂部呈現金黃色為止。

在微溫或室溫下盛盤享用。

洋蔥和紅蔥頭
品種多元，各自均有與生俱來的獨特性

當我們開始做菜時，我們很快就會發現洋蔥是多麼好用的東西，切碎的洋蔥末是很多醬汁或燉菜的基底，但我想鼓勵大家把洋蔥當成主菜，我指的就是洋蔥湯或洋蔥圈。

身為一位廚師，你必須迅速認識各個品種的洋蔥，並學會它們在料理上有各自有哪些用處。比如說，來自義大利的牛奶洋蔥比任何品種都還要甜；西班牙的洋蔥不僅大顆，味道也甘甜，有時還會有紅色品種；小顆的黃色洋蔥味道最強烈；而紅蔥頭，則有各種形狀和大小，有迷你的紫色紅蔥頭，也有味道辛辣的泰國紅蔥頭，甚至還有味道溫潤、長如香蕉的紅蔥頭品種。我們英國原生的紅蔥頭又是另一種，是因應北方氣候種植出來的品種。

我有時覺得洋蔥好比從三原色延伸出來的不同色相，任何一種都會為料理添加巧妙又獨特的風味，如果你一一列舉出來，加以適當烹調，你就會發現它們厲害的不只是其固有的甜味，還有各自與生俱來的獨特性。

挑選洋蔥時，要找：

*** 沒有乾皺的—我們要的是帶有堅實球莖，表皮緊實而且大小剛好。**

*** 沒有發芽的才可以碰！**

洋蔥塔──
輕食、前菜的最佳選擇

8-12人份

這是我自己想出來的「英國版南法經典洋蔥塔」──是一種讓人驚嘆連連、洋蔥入口即化的鹹塔，你可以拿來當成午餐輕食、前菜或充飢的餐點，搭配一杯紅酒更棒。

200毫升橄欖油，多準備一點好用在烤模上
1份酥皮麵團（請見219頁）
12個大顆洋蔥，切成薄片
1小枝迷迭香，保留葉片部分，切碎
鹽

以攝氏180度預熱烤箱，並在直徑約23公分、附有可卸式底盤的烤模中抹油。

在略灑上麵粉的平面處擀平酥皮麵團，裝進烤模裡，邊框可以多留一點麵皮翻到烤模外，幫助塔皮定型，烤好之後再切除就好。在裝好麵皮的烤模中鋪上烘焙紙和壓派石，烤15至20分鐘，取出烤模時拿下烘焙紙和壓派石，靜置一旁讓派皮定型。

調降烤箱溫度至攝氏160度。
以中火加熱一個大鍋，加入橄欖油和所有切細的洋蔥，用小撮鹽調味，翻炒均勻後蓋上鍋蓋。這可以逼出洋蔥本身的水分，靜置5分鐘後再繼續翻炒，然後再度蓋上鍋蓋，此步驟需重複3至4次，直到所有水分全都被逼出來，洋蔥也可以自然變軟不會變色。

一旦洋蔥軟化後，拿開蓋子，持續攪拌讓所有洋蔥汁自然蒸發。汁液開始蒸發時，洋蔥就會漸漸呈金黃色，此時加入切碎的迷迭香，持續翻炒直到所有水分全部蒸發收乾，這個步驟非常重要：水分太多就表示洋蔥放入塔皮時，麵皮容易會變軟爛。洋蔥全部熟成後，起鍋靜置冷卻。

將完全冷卻的洋蔥放入塔皮裡，然後把洋蔥塔放入烤箱烤20至25分鐘，直到洋蔥完全呈現金黃色，頂部開始焦糖化為止。

請在常溫時享用洋蔥塔。

燴洋蔥佐烤羊肩肉——最適合當作週末午餐

4-6人份

你知道炸洋蔥與熱狗或牛排搭配起來有多棒嗎？我從小到大的週日午餐幾乎都是這樣搭配的。這道菜中，以羊肉油脂烹調的小洋蔥，會變得非常甘甜溫軟，而葡萄醋刺激的酸味更有畫龍點睛之效。

1.5至2公斤重的羊肩肉
20顆嫩洋蔥或紅蔥頭，去皮
2顆大蒜，不須去皮
500毫升羊肉高湯
1把百里香
100毫升優質葡萄醋
鹽和現磨黑胡椒

以攝氏160度預熱烤箱。在羊肩肉上畫幾刀，並以鹽和胡椒調味。把羊肩肉放在烤盤裡，用烤箱烤40分鐘。取出烤盤後把多餘的脂肪倒掉，接著加入洋蔥、大蒜和高湯，再放回烤箱烤2小時，期間每30分鐘就在羊肉上塗點油。2小時後，放入百里香和葡萄醋再烤30分鐘。

完成後，將羊肩肉切薄片，搭配一旁的洋蔥和肉汁享用。

布林的秘訣：
這道菜可以直接換成帶骨牛肉，只要調整烹調時間即可。

（編按）：一般來講羊肉比牛肉易熟，因此烤牛肉的時間可以再短一點。

紅蔥頭麵包——
奧黛特餐廳每天早上都會做的麵包

2條麵包的份量

在奧黛特，我們每天早上都會現做這個麵包，並且在剛出爐時趁熱享用，厚塗一層奶油，非常美味。這份食譜可以做出兩條麵包：你可以一條趁鮮品嚐，另一條放進冷凍庫保存，之後再吃。

45毫升橄欖油，多準備一點用來塗抹烤模
4顆紅蔥頭，去皮後切細末
1小枝百里香，只保留葉子部分
15克新鮮酵母菌
320毫升溫水
500克高筋麵粉，另外準備一些防止沾黏用
2茶匙鹽
20克洋蔥粉（自行選用）

將兩個可放450克重麵團的麵包烤模塗油。在可加蓋的平底鍋中放入一大匙橄欖油，以中火加熱，翻炒紅蔥頭後加蓋直到軟化。打開蓋子後加入百里香葉，另外翻炒5分鐘，直到所有紅蔥頭成金黃色，起鍋靜置放涼備用。

在溫水裡放入酵母菌；把所有乾性材料和剩下30毫升的橄欖油放入大碗中混合均勻，用手在碗中攪拌，接著再倒入溶有酵母菌的溫水。

慢慢讓麵粉與水結合，用指尖去感覺，麵粉吸收水分後，就會變成帶有黏性的麵團。麵團必須是滑順的，不能有碎塊或不平整的感覺，如果覺得還是有碎塊，那就多加一匙水。

把麵團取出，放在灑好麵粉的平面上，揉麵5分鐘。麵團要揉到呈現平順、光滑又有彈性的狀態，看起來應該要有光澤感。把麵團放入乾淨的碗裡，蓋上濕布，讓它在室溫下發麵30至40分鐘。

發麵之後的麵團會變成兩倍大，接著用拳頭敲捶碗中麵團—多做幾次，讓麵團沒有任何空氣，這也能提升麵包口感。再把放涼的紅蔥頭揉入麵團中，混合均勻。

以攝氏180度預熱烤箱。

把麵團放在撒好麵粉的平面上，均勻分成兩等份後，每一塊揉整成吐司麵包的樣子，再放入準備好的麵包烤模中，繼續放在室溫下發30分鐘，或待長成兩倍大後放入烤箱烤35至40分鐘。

烤好後拿出來，靜置冷卻10分鐘，再從烤模中拿出麵包。趁鮮享用。

布林的秘訣：

我建議使用新鮮酵母菌—成品完全不一樣，氣味和感覺會更美好。但如果你是用快速烘焙的乾酵母也沒關係，只要遵照包裝上的使用方法，也能做出美味的麵包。

紅蔥頭酸甜醬—
帶有果香、辛辣與甜味的私房配料

約1公升的份量

這是我家櫥櫃中的必備配料，帶有果香、辛辣和甜味，我常常用來搭配陶罐派（註）、冷的肉品和起司。

1公斤紅蔥頭，去皮後切薄片
500克蘋果，削皮、去核後磨成泥
100克葡萄乾
2大匙芥末籽
1茶匙薑泥
450毫升白酒醋
300克紅糖

把所有材料放在一個大型可加蓋的平底鍋中，煮滾後放上蓋子，燜煮到紅蔥頭變軟—大約是20分鐘。

打開蓋子，繼續煮到所有材料變得濃稠，這大概會再花上20分鐘左右。

起鍋時把煮好的材料全倒進乾淨的玻璃罐內，按照第220頁的方法消毒即可。

（註）：陶罐派 Terrines，是一種傳統法國菜，將肉餡和其他食材填入附有緊密蓋子的長型陶罐裡隔水烘烤，放涼後切片食用，通常是冷食，適合當作前菜，近來也開始有以蔬菜和甜餡取代肉餡的做法。

根芹菜
別以貌取人，否則你會錯過它的美味

根芹菜或許不是一種美麗的蔬菜，但也別被它的長相嚇跑，請忽略它全身毛絨且多瘤節的外觀，其實它是非常美味的，像是比較鬆軟、滑順的芹菜，不用感到大驚小怪，畢竟它本來就是可以吃的。要怎麼吃，方法有很多，你可以生吃、烤著吃或炙燒。我這裡介紹的食譜，是想展現根芹菜本身的多樣性，如果你真的只想嚐嚐它的原味，那仔細去皮後，切成塊狀烤吧，上頭灑上一層海鹽，然後放進先以攝氏170度預熱過的烤箱，烤25分鐘，待冷卻後，把附在上面的海鹽去掉，就可以吃。這種烹調方法可以凸顯根芹菜樸實、舒服的口感，若能搭配罕見的鹿肉就更加完美。

挑選根芹菜時，要找：
* 根芹菜拿起來應該要有沉甸甸的感覺。
* 通常氣候較冷時比較美味。

根芹菜蘋果濃湯 —
令人舒心的樸實好滋味

4人份

這款喝起來舒心的湯品，既樸實又有濃濃秋意，口感溫潤的根芹菜，在酸甜的蘋果襯托下更美味，可以搭配酥軟的麵包。

50克奶油
1顆紅蔥頭，去皮切薄片
1小枝百里香，只保留葉子部分
3顆蘋果，削皮、去核後切片
1顆中型根芹菜，削皮後切成2公分大小的方塊
1公升優質蔬菜高湯
300毫升重乳脂鮮奶油
鹽和現磨黑胡椒

大鍋裡以文火熔化奶油，避免奶油變色。放入紅蔥頭和百里香葉，慢慢攪拌約4至5分鐘，或直到紅蔥頭變軟。加入蘋果和根芹菜，另外攪拌7至8分鐘，以鹽和胡椒加以調味鍋內的根芹菜拌料。

接著倒入高湯，煮滾，燜煮10至12分鐘，添入鮮奶油後再次煮滾，之後起鍋，利用手動攪拌機攪打至滑順。

最後用濾網過篩放入溫熱過的碗享用。

烤根芹菜酥炸鴨蛋沙拉——清新又濃郁的絕妙搭配

4人份

這份食譜中，我們用香濃滑順的烤根芹菜，搭配外酥內柔的炸鴨蛋，這又是另一種絕妙組合。

4顆鴨蛋
100克一般麵粉
2顆放養雞蛋，略打散即可
100克麵包粉
1顆中型根芹菜，整顆削皮後備用
2大匙植物油，多準備一些油炸用
50克奶油
2小枝百里香
100毫升松露油醋醬
海鹽和現磨黑胡椒
1把芹菜葉，點綴用

將鴨蛋放入煮滾的鹽水裡浸泡約6分鐘，瀝乾後放進冰水冰鎮30分鐘。

小心剝除鴨蛋蛋殼，滾上一層麵粉，放入打散的蛋液，最後沾上麵包粉，把處理好的鴨蛋放在烤盤上再放入冰箱裡。

以攝氏180度預熱烤箱。

將根芹菜用鹽和胡椒調味。

以小至中火加熱可放入烤箱的大平底鍋，倒入植物油後放入整顆根芹菜，使整顆蔬菜變色。這步驟應該會花上6至7分鐘，所以請務必有點耐心。要讓根芹菜翻面上色，必須得讓蔬菜靠在鍋子一側，才能確保根芹菜有均勻的金黃色。

根芹菜外表變色之後，加入奶油和百里香，整鍋移入烤箱內烤20分鐘，這期間要在根芹菜外表淋上熔化的奶油2至3次。烤完之後—大概是刀子可以輕鬆切入的狀態—就拿出烤箱，把根芹菜取出靜置放涼。

冷卻到可以直接用手拿起時，將根芹菜盡可能切成薄片，然後在盤子或烤盤上鋪上一層根芹菜片，以松露油醋醬和海鹽加以調味。

將油炸機的油加熱至攝氏180度。

取出冰箱內的鴨蛋，入鍋油炸1分鐘，或直到麵包粉呈金黃色。

擺盤時，將幾片根芹菜片放在大盤子上，可以試著堆疊出高度，做出創意又富有口感的餐點。將鴨蛋頂端切開，露出滑溜的鴨蛋黃，接著把蛋放在根芹菜片中央，上桌前再撒上一些芹菜葉。

根芹菜雷莫拉醬汁鯖魚──法式經典醬汁與英式傳統魚料理的絕妙搭配

4人份

經典的法式雷莫拉醬（註1）遇上英國人最愛的魚肉──簡直是料理界的英法協約（註2）。有豐足辣根辛味的根芹菜雷莫拉醬，搭配肉質絲軟、油脂豐富美味的鯖魚，不僅相當美味，口感充實，是很棒的前菜或午餐輕食。

1顆中型根芹菜
1整顆檸檬原汁
200克美乃滋（請見77頁的香草美乃滋食譜，去除香草部分即可）
2大匙辣根醬
植物油，抹鍋子用
4條鯖魚排
山蘿蔔和細香蔥，點綴用
鹽和現磨黑胡椒

根芹菜削完皮切成約3公釐厚的薄片，然後再將每片根芹菜切成寬3公釐的長條。把根芹菜條放入大碗，加入少許鹽和檸檬汁，攪拌均勻。接著把整碗根芹菜放入濾鍋，下方墊個碗，靜置約1小時。

用乾淨的布擠出根芹菜所有的水分，再把根芹菜條放入另一個乾淨的碗，加入美乃滋和辣根醬，攪拌均勻入味。

在有點深度的烤盤裡塗油後，均勻灑上鹽和胡椒，放上鯖魚排，魚肉那一面朝下，然後把烤盤放在熱燙的烤架下烤魚，大約烤2至3分鐘，最好讓鯖魚內部仍帶點粉紅色的狀態。

盛盤時，在冷盤上放上一匙根芹菜條，然後放上一片鯖魚，再以新鮮香草點綴即可。

（註1）：雷莫拉醬Remoulade：泛指有辣味的蛋黃醬或美乃滋，加入芥末亦是常見的做法。
（註2）：英法協約Entente cordiale：是1904年4月起英法兩國簽訂的一系列協議，旨在穩固彼此邦誼，終止兩國於非洲及遠東各地海權的角力，聯合起來防堵日漸崛起的德國勢力。

西洋芹
口感清脆令人心曠神怡

很多人只把西洋芹當作血腥瑪麗調酒的配料，或是只拿來當成挖起司或沾醬的食用「器具」，甚至只用在起司拼盤上，和幾顆葡萄放在角落做綴飾而已，剩下沒用到的部分，就一直被放在冰箱裡蔬果區的一角，放到壞掉了都還沒人記得。朋友們，西洋芹不該擺在冰箱爛，它絕對值得拿出來善加運用的食材！

西洋芹在廚房裡可以扮演至關重要的角色，不僅可以做高湯和醬汁的基底，還能夠擔任燉菜和餡料的主角。生鮮的西洋芹可以為菜餚帶來愉悦的脆口感，煮熟後吃起來絲滑順口。如果你好好對待西洋芹，就會發現它的美味。所以，現在就打開冰箱，釋放縮在角落的西洋芹吧。

挑選西洋芹時，要找：
*** 莖部挺直、脆硬、新鮮且葉子翠綠，拿起來厚實。**

西洋芹藍紋起司濃湯—道地的威爾斯風味

4人份

過去，我們總是習慣這樣的搭配方式—在一頓正餐的最後，上一道生鮮西洋芹配風味十足的藍紋起司。現在，我們換一種新的方式來改變這道菜的呈現方式，做成溫熱且美味的湯品。我喜歡用威爾斯的藍紋起司，你也可以選用任何一種自己喜歡的起司，只要別太鹹就好。

50克奶油
1顆洋蔥，去皮後切末
1茶匙茴香籽
1整顆西洋芹，挑整好切碎，保留葉片的部分
1公升雞或蔬菜高湯
300克重乳脂鮮奶油
200克藍紋起司
鹽和現磨黑胡椒

在大鍋中熔化奶油，加入洋蔥和茴香籽，翻炒4至5分鐘直到洋蔥軟化。放入西洋芹繼續翻炒7至8分鐘，直到西洋芹開始變軟，此時加入鹽和胡椒調味。

倒入高湯，煮滾後燜煮5至6分鐘，加入鮮奶油再次煮滾，接著放入藍紋起司攪拌後起鍋。把整鍋材料倒入果汁機或食物處理機—此時會非常燙—然後攪打至滑順狀態。以濾網過篩後再倒入乾淨的深鍋或是碗裡，必要時可以回溫。

把濃湯舀入碗裡，撒上先前留下來的芹菜葉，如果藍紋起司還有剩，可以在湯上隨便撒一些。

燴西洋芹水煮鰈魚——充滿豐富的香氣

4人份

燴西洋芹確實可以帶出這種蔬菜的風味，讓它在口感上變得好嚼，並且維持一定程度的清脆。鰈魚是一種肉質厚實的白魚，很適合用來搭配西洋芹，而西洋芹也能從水煮魚肉的湯汁中，吸收所有豐富香料的氣味。

2個完整帶葉的西洋芹
2大匙植物油
150毫升不甜的白酒
500毫升雞高湯
1小枝百里香
2片月桂葉
6顆胡椒粒
1顆檸檬的皮
4塊160克重的鰈魚肉或是一整條鰈魚，洗淨整理後切成魚排狀
鹽和現磨黑胡椒

點綴可以用：
一大把巴西利葉
用剩的西洋芹葉

以攝氏140度預熱烤箱。

從菜心底部開始把西洋芹切整成12公分長，剩下的全留下來做湯品或蔬菜高湯，葉子保留起來做最後點綴。接著，將整個西洋芹菜心從中切成4等份。

以鹽和胡椒調味，以中火加熱大型烤盤。放入蔬菜後，將西洋芹放入溫熱的烤盤裡，翻炒數分鐘，讓蔬菜略為變色。加入白酒和高湯，快滾時加入百里香、月桂葉、胡椒粒和檸檬皮。接著將烤盤放入烤箱烤30至40分鐘，或直到西洋芹變軟。

用漏勺把西洋芹取出，放在一旁保溫。將烤盤移回爐子上，放入鰈魚，利用中火就著菜汁水煮5至6分鐘，或剛好煮熟即可。

盛盤時，將西洋芹心放在溫熱的碗裡，鰈魚鋪在上頭，然後倒入一些煮魚時的湯汁，最後撒上西洋芹葉和巴西利葉就完成了。蛋放在根芹菜片中央，上桌前再撒上一些芹菜葉。

胡蘿蔔

任何你想得到的烹飪方法都適用

在西餐的世界裡，胡蘿蔔最常被拿來切塊，然後水煮，事實上，胡蘿蔔的烹飪方式可不只是這樣，吃法多得很！除了能在高湯和燉菜裡扮演重要角色之外，胡蘿蔔也可以磨、烤、醃漬、翻炒，任何你講出來的烹飪方法都可以。胡蘿蔔是容易入味的食材，與香料更是搭配得宜。話說回來，你真的需要使用優質的胡蘿蔔，超級市場裡那些包裝好的胡蘿蔔，往往是因為外型平整挺直而被挑揀上架，在包裝期間還會漸漸流失美味，所以我建議去傳統市場或農夫市集採買，那裡的蔬果通常比較美味，尤其是胡蘿蔔，好的胡蘿蔔是很甜的，而且香脆多汁。據說現代最常見的橙紅色胡蘿蔔，是源自於17世紀荷蘭的雜交育種成品，如今在歐洲有許多農民開始重新種植古老品種，因此市面上越來越多紫色和白色的胡蘿蔔，而我們也有了更多的機會，既可品嚐各種不同風味的胡蘿蔔，也能為餐點增添多元色彩。

挑選胡蘿蔔時，要找：
*** 肉質堅實且顏色明亮。**
*** 葉子翠綠且生氣蓬勃的狀態（若還未去除的話）。**

胡蘿蔔柳橙沙拉—
宛如日落火紅雲彩般美麗

4至6人份

這道沙拉光是顏色就能喚醒疲乏的味覺，胡蘿蔔的甜，柳橙的酸，還有白色帶鹹味的羊奶起司，這些食材組合起來，就像是在餐盤上呈現夕陽晚霞雲彩的景象。

12根中型胡蘿蔔，削皮
3顆柳橙(使用紅橙或血橙更佳)
1小撮糖
50毫升白酒醋
200毫升橄欖油
100克軟羊奶起司
1把水芥菜，洗淨
鹽和現磨黑胡椒

利用刨刀器將胡蘿蔔刨成長薄片，放入一碗冰水中維持脆度。

柳橙剝皮後，用銳利的刀子把三顆柳橙果肉切塊，記得要保留所有的橙汁—最好下面放個碗。製作淋醬時，把一顆柳橙的橙汁和果肉放在另一個碗裡，加糖後混合均勻直到果肉碎爛，再倒入白酒醋和橄欖油，繼續攪拌，加點鹽和胡椒調味。

瀝乾所有的胡蘿蔔薄片後放入一個乾淨的碗，淋上柳橙醬汁，接著把剩下兩顆柳橙的果肉倒入碗中，輕輕攪拌，盡量別讓果肉變爛。

盛盤時，將拌過醬汁的胡蘿蔔和柳橙沙拉放在大盤中，隨意剝羊奶起司撒在上頭，放上水芥菜，再把剩下的醬汁淋上。

醃漬胡蘿蔔佐鯖魚 —
創新的英式料理

4人份

我這道菜的醃漬胡蘿蔔，帶有木質香草氣息的苦甜，很適合搭配油脂豐富的鯖魚，尤其是在切開魚肉時，酸甜滋味浸入肉質中，可以達到最棒的提襯效果。烤鯖魚是簡單又非常英國風味的料理，而搭配醃漬胡蘿蔔這樣的做法，則是我自己研發出來的。

300毫升白酒醋
150毫升白酒
250克糖
1茶匙芫荽籽
2片月桂葉
2顆八角
1小枝百里香
6根中型胡蘿蔔，削皮後切薄片
50毫升橄欖油，另外準備一些抹烤盤用
4片鯖魚
1小枝芫荽，切碎
鹽和現磨黑胡椒

在大鍋中放入醋、酒和糖後煮滾。加入芫荽籽、月桂葉、八角和百里香，第二次煮滾，接著放入胡蘿蔔薄片，再一次煮滾後立即起鍋，靜置一旁。

在略深的烤盤中抹油，撒上鹽和胡椒，把鯖魚放入烤盤，魚肉那一面朝下，接著將烤盤放在燒熱的烤架下直到魚肉烤熟，這大約會花上2至3分鐘。試著讓鯖魚內部還保留粉紅色，靜置一旁保溫備用。

用夾子從醋汁裡取出胡蘿蔔，放入碗裡並用鹽和胡椒調味，再添入橄欖油和芫荽後攪拌均勻。

盛盤時，將醃漬的胡蘿蔔放在鯖魚旁邊，周邊淋上醬汁即可。

油封胡蘿蔔佐豬五花——維持香脆口感並提升甜味

4至6人份

這道料理是用同一種烹飪方法—油封—來同時烹煮豬肉和胡蘿蔔，這兩者的差異在於豬肉會變得更軟甚至帶點黏性，而胡蘿蔔會維持脆口同時提升甜味。如果你要準備這道菜，前一天就開始準備。

做油封胡蘿蔔：
1公斤鴨油
1顆八角
2個小豆蔻豆莢，稍微壓碎
1小枝百里香
6顆胡椒粒
8根完整的胡蘿蔔，削皮後保留頂部的綠葉

做豬五花：
1公斤五花肉
2大匙橄欖油
鹽和現磨黑胡椒

在可以放入所有胡蘿蔔的大鍋裡倒入鴨油，添入八角、小豆蔻豆莢、百里香和胡椒粒，然後放在爐火上以小火加熱。放入胡蘿蔔攪拌煮上1小時，或直到蔬菜變軟—鴨油應當不會滾沸。完成後讓胡蘿蔔靜置在油中，任其冷卻，然後整鍋放入冰箱備用。

以攝氏140度預熱烤箱。

用一大匙橄欖油均勻塗抹在五花肉上，並確實以鹽和胡椒調味。將肉放在大小適中的烤盤內，放入烤箱烤5至6小時，直到脂肪熔化、肉質變軟為止。

取出烤盤，把肉移到乾淨烤盤內，然後另外拿個烤盤放在豬肉上加壓（我通常會用櫥櫃裡還沒開的罐頭）—這可以維持五花肉的形狀。靜置放冷後，連壓在上頭的烤盤整組一起放入冰箱冷藏，直到完全冷卻，放隔夜也沒關係。

食用前，把五花肉上的皮切掉（請見下面「秘訣」），再切成2公分厚的大小，用鹽和胡椒調味。將剩下的橄欖油放入平底鍋，以中火加熱後煎五花肉，使肉兩面成金黃色。完成後起鍋，靜置一旁保溫。

將胡蘿蔔從鴨油中取出，放在同一個平底鍋內，用鹽和胡椒調味，加熱直到胡蘿蔔變熱。

我喜歡用一些紅蔥頭酸甜醬（請見34頁）來搭配這道料理。

布林的秘訣：切下的豬皮，可以另外做成炸豬皮。將豬皮切成手指大小，記得確認豬皮此時沒有任何多餘水分。在油炸機內放入油，加熱至攝氏180度，然後放入豬皮油炸直至酥脆。起鍋後放在廚房紙巾上瀝油，再撒上海鹽即可。

胡蘿蔔蛋糕——
來自西元10世紀阿拉伯人的好味道

8至10人份

胡蘿蔔有自然的甜味，而且十分多汁，非常適合用來做甜點。這道胡蘿蔔蛋糕，最早起源於10世紀時阿拉伯人的胡蘿蔔香料甜點和蜜餞。或許你從來沒試過胡蘿蔔做成的甜點，現在你可以體會到這種食材的妙用無窮了。

400克糖粉
290毫升植物油
4顆雞蛋
370克一般麵粉
1.5茶匙小蘇打粉
1大匙肉桂粉
1茶匙鹽
480克隨意磨好的胡蘿蔔絲（份量大約是500克未削皮的胡蘿蔔）

以攝氏160度預熱烤箱，在28×20公分大小的長方形蛋糕模中鋪上烘焙紙。

在大碗中混合糖和植物油，攪拌均勻。加入雞蛋，和其他乾性材料，確實混合均勻後，放入胡蘿蔔絲，再度攪拌直到所有材料均勻混合。

仔細用湯匙把混合好的拌料全倒入準備好的烤模中，放入烤箱烤20分鐘，或直到蛋糕成金黃色、觸碰時有脆硬感為止。此時用手壓蛋糕表面，應該會回彈。

把烤模從烤箱中取出，靜置冷卻後從烤模中拿出蛋糕。

切成方塊狀即可享用。

防風草
遍布歐洲、滋味神奇的根莖類食材

處理防風草時，我通常會加點蜂蜜來提升甜味，儘管如此，這種蔬菜其實比我們想像的更適合做甜點。數世紀以來，歐洲的人們就懂得在糖還很缺乏時，利用防風草來增加料理的甜味，我最喜歡的故事之一，就是二次世界大戰期間，媽媽們會用防風草來製作假的香蕉三明治，把水煮過後的防風草壓成泥，然後增添一點顏色和香味，虧她們想得到這做法，真的太聰明了！

防風草除了甜味之外，也有樸實、溫潤的口感，因此它們也是冬季最棒的蔬菜。防風草容易存放，讓我們在許多作物尚未生長時度過冰冷的冬天，直到春天綠意盎然為止。不過，正如不同品種的馬鈴薯有不同的烹調方法，防風草似乎也因種植時的環境條件和土壤狀況不同，出現了更多不同的品種，如果你想嘗試自己耕種防風草，提醒你：葉子是不能吃的，甚若你碰到葉子，還可能出現過敏症狀，因此要處理防風草時，切記要戴上手套。

挑選防風草時，要找：

*** 硬挺、乾淨且根部大小中等。**
*** 葉子部分要呈翠綠且健康的狀態（如果尚未去除）。**
*** 避免挑到斷掉或是拿起來感覺鬆軟的防風草。**

（編按）：防風草又稱歐防風、歐洲蘿蔔，在台灣有一些有機農場從事耕種與販售。

防風草栗子濃湯——秋天喝最適合

4至6人份

這道風味十足的湯品，可以讓你感受到濃濃秋意。

50克奶油
600克防風草，削皮後切成碎塊
1小支韭蔥，挑整後切碎
150毫升白酒
200克熟栗子，另外準備一些留著點綴
1.5公升蔬菜高湯
鹽和現磨黑胡椒

以文火加熱大鍋內的奶油，使之熔化，但注意別讓奶油變色。放入防風草和韭蔥，翻炒大約4至5分鐘，或直到防風草軟化。倒入白酒和栗子再翻炒7至8分鐘，以鹽和胡椒加以調味。

在鍋內倒入高湯，煮滾後燜煮5至6分鐘。起鍋後用手持攪拌器或是倒入食物處理機攪打，直到整鍋拌料變得滑順。（如果你是用食物處理機，記得讓湯放涼些再啟動開關。）

最後以濾網過篩整鍋湯，盛入溫熱的碗中，撒上些許栗子碎末加以點綴。得確認豬皮此時沒有任何多餘水分。在油炸機內放入油，加熱至攝氏180度，然後放入豬皮油炸直至酥脆。起鍋後放在廚房紙巾上瀝油，再撒上海鹽即可。

防風草泥佐煎鮭魚—
冬季裡最完美的晚餐

4人份

這道餐點看起來就很吸引人—粉色的鮭魚鋪在濃滑的防風草泥堆上。鮭魚本身的味道和口感，與刺激的辣根和香甜的防風草非常契合，這道菜因此成為冬天裡的完美晚餐。

50克奶油
5大根防風草，削皮後切塊
100毫升水
1大匙辣根醬
4片175克重的頂級鮭魚
1大匙植物油
1/2顆檸檬汁
鹽和現磨黑胡椒

在可加蓋的大鍋中以中火加熱熔化奶油，放入防風草，用鹽和胡椒調味。倒入水，蓋上蓋子後慢慢煮上10至15分鐘，直到防風草軟化且沒有剩餘的水分。

防風草煮好後，打開蓋子，加入辣根醬，繼續煮1分鐘，然後用馬鈴薯搗碎器或是叉子背面壓碎防風草，完成後靜置一旁保溫。

鮭魚用鹽和胡椒調味，以中火燒熱平底鍋內的油後放入鮭魚，一面煎3至4分鐘，然後另一面煎1分鐘。離開爐火後淋上檸檬汁。

盛盤時，將防風草泥挖到溫熱的碗或盤子裡，鮭魚鋪在上面即可。

蜂蜜炙烤防風草鴨胸——
亞洲風味與歐式香料的巧妙融合

4人份

這道料理，融合了我早期工作時碰過的兩大風味派系：亞洲主食裡經常使用的醬油和蜂蜜，以及我們在蓋芙赫許餐廳經常做的蜂蜜迷迭香防風草。油脂豐富、酥脆的鴨胸，非常適合用此手法烹調。

4塊帶皮鴨胸
100毫升植物油
6大根防風草，削皮後切成6大塊
50克無鹽奶油
3大匙蜂蜜
數支迷迭香，拿掉葉子後略切碎
少許醬油
鹽和現磨黑胡椒

以攝氏160度預熱烤箱。

用刀尖在鴨皮上畫幾道切痕，以鹽和胡椒調味。拿一個可放入烤箱的平底鍋放在爐上，以中火加熱，鍋子燒熱後放入鴨胸，鴨皮面朝下，直到鴨皮呈金黃色再翻面油煎。接著再把鴨胸翻回鴨皮面朝下，然後把鍋子放入烤箱，烤10至12分鐘，之後取出鴨胸，靜置一旁，並在你要準備處理防風草時以鋁箔紙蓋住鴨胸。

擦拭平底鍋，或是拿另一個可放烤箱的大型平底鍋，以中火加熱後倒入植物油。油燒熱之後放入防風草，翻炒4至5分鐘，再加入奶油。持續翻炒直到奶油熔化，淋上蜂蜜，把平底鍋放入烤箱，烤上8至10分鐘，但要隨時留意一蜂蜜不能燒焦。完成後取出鍋子，放入切碎的迷迭香，淋上些許醬油，攪拌均勻。

鴨肉切片放在另一個盤子上（你喜歡也可以保留完整鴨胸），一旁放上防風草後即可上桌。

冰火防風草巧克力蛋糕—強調對比的經典甜點

4人份

雖然聽起來感覺很奇怪，但是防風草冰淇淋如今在歐洲已是常見的冰品或配料。秘訣在於不能讓它太過搶戲，甜美、香濃且帶有特殊香氣的冰淇淋，與味道豐厚、深色的蛋糕做搭配，這種對比正是現代方法詮釋經典甜點的完美組合。

做冰淇淋：
4顆雞蛋黃
100克糖粉
200克防風草，削皮後切細末
500毫升牛奶
350毫升重乳脂鮮奶油

做巧克力蛋糕：
250克黑巧克力，可可含量至少要有70
200克無鹽奶油
5顆雞蛋
4顆雞蛋黃
125克糖粉
2大匙一般麵粉

先做冰淇淋，在大碗中將蛋黃和糖粉攪拌在一起，靜置一旁。

把防風草放在大鍋裡，倒入牛奶和鮮奶油，加熱煮滾，然後燜煮直到防風草熟成。

把整鍋防風草拌料從爐上移開，趁熱時倒入有蛋黃和糖的大碗中，持續攪拌直到全都混合在一起。之後把所有拌料倒回大鍋內，慢慢加熱並持續攪拌，直到打發到拌料黏在湯匙背面不會掉下來為止。接著用濾網過篩整鍋拌料，放入乾淨的碗內，放著待完全冷卻後再放入冰箱。

把所有冰過的拌料放進冰淇淋機中，持續攪打直到凍住但不會太硬的狀態。把冰淇淋裝入一個容器內，放入冷凍庫內至少冰1.5小時，或直到你準備要用為止。吃之前記得要把冰淇淋從冷凍庫拿到冷藏放20分鐘。

蛋糕的部分，在耐熱碗中放入巧克力和無鹽奶油，然後把碗放入已裝有熱水的鍋中，不時攪拌直到巧克力和奶油全都融化，再把碗拿出來，放在一旁冷卻。

在大碗中把蛋、多的蛋黃和糖打散均勻，動作不用太快，慢慢的攪拌，避免蛋液有過多氣泡。把融化的巧克力拌料倒入裝有蛋液的碗中，攪拌打發，然後慢慢放入麵粉混合均勻，此時拿起碗敲桌面，消除拌料中的氣泡。把混合好的材料仔細倒入4個可放入烤箱的陶瓷蛋糕模或碗裡，接著放入冰箱冷藏至少30分鐘，你可以冰更久—隔夜也可以。

當你準備烘烤蛋糕時，以攝氏160度預熱烤箱，再把冰的陶瓷蛋糕模整個放入烤箱烤6至8分鐘。完成後取出，接著在脫模的蛋糕上放上一匙冰淇淋即可。

蘆筍
看到它就知道夏天要來了

看到當地蘆筍出現時，就知道夏天要來了，這是人們迫不及待想吃到的蔬菜之一，如果你恰好有機會買到當天現採的蘆筍，那你賺到了：你可以嚐到蘆筍最天然的甜味，其莖部也比其他時候更脆更甜。

如果你能找得到新鮮的白蘆筍—也就是荷蘭人說的「白金」—那就能重現我年輕時在馬斯垂克一間飯店受訓時常吃的一道菜：蒸熟蘆筍後，蓋上幾片火腿和熔化的奶油，再將蛋黃用篩子隨意灑在上頭，十足美味。

廚師們通常會盡可能用簡單的方法烹調蘆筍，因為蘆筍有種獨特風味，稍不注意就容易讓那味道流失掉。蘆筍最棒的地方就是它純粹簡單的味道。沒有任何餐點會比新鮮蘆筍沾上熔化奶油或荷蘭醬更美味了。只需稍做準備，削好皮，燒烤、炙烤或水煮後一次品嚐即可。

挑選蘆筍時，要找
*** 堅挺、筍尖脆口，且交疊處緊實，莖部結實沒有變色。**
*** 確保莖部不會太柴過乾。**
*** 盡可能買到尺寸均等的蘆筍。**

涼拌蘆筍佐大蒜美乃滋—最美妙的前菜

4人份

當蘆筍出現時，天氣就開始變暖，英國人很喜歡在這個時節到戶外用餐，而這道料理就是此刻最棒的前菜。

28支蘆筍

做大蒜美乃滋：
2顆雞蛋黃
2瓣大蒜，壓碎

切除蘆筍過硬的莖部，每根從底部往上數約2公分處削皮。拿廚房用的棉繩綁住7支蘆筍（1人份）共4把，再一起烹煮。在煮滾的鹽水中煮蘆筍約4至6分鐘，或直到蘆筍變軟。起鍋後，將蘆筍放在冰水中，維持蘆筍翠綠。冷卻後，將蘆筍從水中取出，鬆開每把蘆筍的繩子，放在廚房紙巾上吸乾水分。
在攪拌機中，放入蛋黃、大蒜、番紅花和一小撮鹽後開始攪打，趁機器還在運轉

1撮番紅花
150毫升植物油
2大匙即食馬鈴薯泥粉
150毫升橄欖油，另外加一大匙用來淋在蘆筍上
檸檬汁，調味用
鹽和現磨黑胡椒

時，慢慢加入植物油，直到拌料開始乳化，呈現出美乃滋般的濃稠感。接著放入即食馬鈴薯泥粉，持續攪打到滑順，再慢慢添入橄欖油。如果最後成品太黏稠，可以放一些溫水，一次只要1匙即可。用鹽和檸檬汁調味試吃，調整味道。

盛盤時把蘆筍放入大碗中，以海鹽、胡椒和一點橄欖油調味。每個盤放上7支蘆筍，旁邊放1匙大蒜美乃滋醬。

溫蘆筍佐野蒜荷蘭醬——春末初夏奧黛特餐廳必賣的人氣菜餚

4人份

每到春末初夏之際，你一定能在奧黛特的菜單上看到這一道餐點──剛剛好熟成的蘆筍，搭配香氣十足、美味的荷蘭醬。

做大蒜荷蘭醬：
200毫升白酒醋
10顆白胡椒粒，壓碎
1小根百里香
1片月桂葉
250克無鹽奶油
5顆雞蛋黃
現榨檸檬汁，調味用
12片野蒜葉，切碎
鹽和現磨黑胡椒

28支蘆筍

鍋中倒入白酒醋和壓碎的白胡椒粒、百里香和月桂葉，煮滾後燜煮至湯汁收乾剩一半，離開爐火後靜置一旁放涼備用。

在另一個鍋內以小火加熱熔化奶油，直到奶油開始起泡，把泡沫舀走後讓奶油靜置。用長柄勺取出液狀黃油後，把鍋底留下的白色物體清掉。

把蛋黃和兩大匙剛剛收乾的醋放入耐熱碗裡，再將碗擺入裝有溫水的平底鍋裡，攪拌直到拌料變得輕盈滑順。切記不可讓水進入碗裡，不然就會因為溫度太高，使蛋分解。

將碗取出後持續攪拌，慢慢倒入剛剛留下的液狀黃油，接著過篩，用鹽和胡椒、少許檸檬汁和切碎的野蒜葉調味。

現在來處理蘆筍：把莖部過硬的部分切除，然後每一根從底部往上數約2公分處削皮。拿廚房用的棉繩綁住7支蘆筍（1人份）共4把，再一起烹煮。在煮滾的鹽水中煮蘆筍約4至6分鐘，或直到蘆筍變軟。

鬆開每把蘆筍的繩子後，平鋪在盤子中，倒上荷蘭醬即可。

布林的秘訣：
將剩下的醋醬裝瓶放入冰箱，可以保存至少6個月。

萵苣
不只是生菜沙拉，更可以當作熟食的主角

我非常喜愛結球萵苣，只要搭配一點奧黛特的招牌淋醬（217頁），就成了我最喜歡的開胃菜。我叔叔以前有種萵苣，所以我從小在威爾斯就吃了很多—或許這就是我喜愛萵苣的原因吧。

萵苣有非常多的品種，不論是常見的軟嫩、圓形萵苣，或是較脆較甜的嫩蘿蔓，都非常適合拿來烹飪。立生萵苣和蘿蔓較適合做凱薩沙拉（正好就是隔頁食譜），他們的葉片形狀正好適合拿來沾醬吃；此外還有許多可食用的萵苣，例如綠捲鬚萵苣、橡葉萵苣等等。

事實上，我以前從來沒煮過萵苣，直到我去荷蘭和法國接受廚師訓練後，才知道萵苣並不是只能做生菜沙拉。一旦手邊萵苣已經過了最佳賞味期，那就可以拿來燴炒或做成湯。萵苣是值得探究的蔬菜，它們不但容易栽種，也很耐放，不容易壞。我認識許多園藝家，他們很喜歡自己種萵苣，然後隨興摘採，烹飪食用，十分愜意。

挑選萵苣時，要找：
*** 堅挺、清脆且葉片呈淺綠色。**

凱薩沙拉——了不起的料理

4人份

我是在標準餐廳為懷特工作時，才知道這道菜有多了不起。可別因為它是前菜就小看它，如果不小心謹慎地處理，可是會毀掉這道經典菜色的！重點在於淋醬，一定要多花時間在淋醬的製作上。

做淋醬：
2顆雞蛋黃
3茶匙白酒醋
1茶匙全穀芥末醬
50克磨好的帕馬森起司
3瓣大蒜，切成細末
8條鯷魚肉片，切成小塊
少許鹽
1茶匙伍斯特醬
125毫升橄欖油

做沙拉：
2大片白土司，用來做麵包丁
2至3大匙橄欖油
2顆中型立生萵苣，整理好所有葉片，洗淨擦乾
4條鯷魚片
帕馬森起司片
鹽和現磨黑胡椒

以攝氏180度預熱烤箱。

先做淋醬的部分。利用裝有攪拌器的食物調理機攪打蛋黃、醋、芥末、磨好的帕馬森起司、大蒜、鯷魚、鹽和伍斯特醬。機器運作期間慢慢加入橄欖油，直到油與材料混合均勻成油亮、像美乃滋一樣的濃稠度後，靜置一旁備用。

將吐司切丁，以鹽和胡椒調味後均勻沾上橄欖油，平鋪在烤盤中，放入烤箱烤約3至4分鐘，直到麵包成金黃色。從烤箱取出後靜置備用。

上桌前，溫柔地翻攪萵苣葉，讓蔬菜沾上淋醬，然後放入沙拉碗中，周邊灑上麵包丁，頂部擺上鯷魚片，還有帕馬森起司片。

燴嫩蘿蔓香烤雞肉—日常晚餐最棒的搭配

4-6人份

燴炒過的嫩蘿蔓，口感和甜味都比生吃時還要迷人，和烤雞肉更是絕妙搭配，很適合當作平日的一頓晚餐。

1隻全雞，重量約1.5公斤
2片月桂葉
3小枝百里香
50毫升植物油
1整顆大蒜，分成數瓣後，保留外皮
4顆嫩蘿蔓，挑整好，必要時可拿掉最外層的葉片
50克奶油
1小顆洋蔥，去皮後切丁
1小根胡蘿蔔，削皮後切丁
150毫升馬德拉酒
500毫升蔬菜高湯
鹽和現磨黑胡椒

以攝氏180度預熱烤箱。

整隻雞抹上鹽後放在大鍋內，放入月桂葉和2枝百里香，然後倒入清水，大略淹過雞即可。以大火加熱鍋子，煮滾後關火，把雞留在鍋內，靜置一旁10分鐘，接著把雞取出放在食物架上晾乾，把煮雞用的水倒掉—你可以用來做成雞高湯。

雞在一旁晾乾期間，準備一個烤盤放入烤箱加熱，大約10分鐘左右的時間。接著大量以鹽和胡椒抹在雞肉上，淋上一大匙植物油；在小碗中放入大蒜，並加入鹽和胡椒，還有剩下的植物油調味。

從烤箱中取出烤盤，把雞放烤盤中央，周圍灑上大蒜瓣，保留植物油的部分；烤盤放入烤箱烤40至50分鐘，或直到雞皮呈金黃色，且肉汁全鎖在內部。

將嫩蘿蔓切半，把留下來的植物油灑在大型平底鍋中，以中火加熱，用鹽和胡椒調味切半的萵苣，平面朝下擺入平底鍋中，直到蔬菜呈現金黃色後起鍋靜置一旁。

這時將爐火關小，放入奶油、洋蔥、胡蘿蔔和剩下的百里香枝，並用鹽和胡椒調味。翻炒所有材料2至3分鐘後倒入馬德拉酒，汁液收乾約一半後把萵苣放在所有食材上方，倒入高湯，煮滾，加蓋燴煮直到食材軟化，這大概會花上4至7分鐘，全憑萵苣大小而定。完成後就關火放涼。

將烤好的雞肉放入碗裡，周圍淋上燴菜的醬汁，以及翻炒的蔬菜和燴好的萵苣。

高麗菜

適合慢煮，溫暖又豐富

高麗菜又名甘藍，有很多不同的品種，紫的、白的、藍的、皺葉的……每個季節產的也都不一樣，各自有特點。高麗菜和很多食材都可以搭配，紫高麗菜最適合做成燉菜和醃菜；白高麗菜久煮不爛，適合拿來做生菜沙拉；而一般的綠高麗菜則適合用來熗炒，或簡單以奶油和少許水燉煮—它本身的水分會蒸發出來，繼續自行烹煮，成品非常甘美。

要做出最棒的高麗菜料理，最好的方法就是花長時間慢慢燉煮，或是快炒，或切成細絲，加上一點美乃滋或是以橄欖油為主的淋醬，就是美味的生菜沙拉。

接下來，我提供兩種我最喜愛的慢煮方法，做出最棒的秋季和冬季高麗菜料理，說實在的，我們比較喜歡它豐富、溫暖的口感。

挑選高麗菜時，要找：

*** 緊實、包覆密實，葉片不會過軟、老掉，莖部看來新鮮。**

*** 拿起來該要有沉甸甸的感覺。**

燴炒高麗菜豬排——高麗菜與豬肉是最經典的組合

4人份

我是在標準餐廳為懷特工作時，才了解到高麗菜與豬肉是最經典的組合。這份食譜中，我們會用酒來燴煮高麗菜，再配上豬排。

5大匙植物油
1顆紅蔥頭，切薄片
1瓣大蒜，切細末
1大顆高麗菜，切成四等分後，去核切成細絲
100毫升白酒
300毫升雞高湯
1小枝百里香
2片月桂葉
4塊豬排
鹽和現磨黑胡椒

以攝氏160度預熱烤箱。

以小至中火加熱一個可加蓋、能放進烤箱的大型燉菜砂鍋，放入2大匙植物油、紅蔥頭和大蒜，炒至軟化。放入高麗菜，繼續翻炒至高麗菜本身的水分幾乎全都蒸發為止。倒入白酒，接著再加入雞高湯，煮滾，然後加入百里香和月桂葉，蓋上蓋子後，放入烤箱烤30分鐘，或直到所有食材軟化。

以鹽和胡椒塗抹豬排兩面調味，之後以中火加熱一個可放入烤箱的厚底平底鍋，鍋子燒熱後倒入剩下的植物油，再放入豬排，讓兩面煎至上色。接著整鍋移入烤箱內烤10至12分鐘或直到豬排肉汁流完。

盛盤時，把豬排和煮好的高麗菜裝盤，並抹上一些按照172頁製作的蘋果醬。

紫高麗菜佐油封鴨腿 —
溫潤的油香最能襯托高麗菜的甜美

4人份

油香、脆皮且鹹鮮的鴨肉，可以完美襯托出以香料烹調、味道甘美的紫色高麗菜葉。我覺得，既然這道菜的鴨肉可以輕易去骨，那你應該也想搭配可以用刀叉輕鬆拿取的蔬菜，我向來喜歡在這道菜旁邊放上幾顆翻炒過的馬鈴薯。如果你想吃這道菜，需要在前一天就準備好。

做香料袋：
1根肉桂、掰斷
6顆杜松子，壓碎
3顆丁香
2顆八角

做紫高麗菜：
1顆紫高麗菜，切成4等份後，去核切細絲
150克綿紅糖
250毫升紅酒
250毫升波特酒（port）
200克鴨油
1顆洋蔥，切丁
4顆蘋果，削皮後切成4等份，再切成2公釐厚的薄片
1小枝百里香
1片月桂葉
250克紅醋栗醬
鹽和現磨黑胡椒

做油封鴨腿：
4大隻鴨腿
100克鹽
1公斤鴨油
1小枝百里香
1把水芥菜，綴飾用

在平底鍋內乾炒香料，使香氣充分散發。完成後取出靜置一旁，然後以紗布包成香料袋。在非金屬製的容器裡放入紫高麗菜、糖和香料袋，倒入紅酒和波特酒，加上蓋子後放入冰箱冷藏一夜。

隔天早上，把紫高麗菜取出瀝乾後備用，醃汁部分也保留下來。

在大鍋內放入鴨油後燒熱，放入洋蔥、蘋果和香草，持續翻炒但不使材料變色，直到鍋內所有食材軟化。接著放入紫高麗菜，持續烹煮4至5分鐘後，倒入保存的紅酒醃汁，煮滾後將火關小，持續烹煮紫高麗菜，直到所有醬汁收乾。鍋子離開爐火後，倒入紅醋栗醬，並以鹽和胡椒調味，靜置冷卻。

製作油封鴨腿，先用鹽包覆鴨腿後，放置2小時。接著把鹽清掉，鴨腿放置一旁。以攝氏120度預熱烤箱，在可放入烤箱的燉菜砂鍋中加熱鴨油，放入百里香，接著把鴨腿浸入鴨油中，再把砂鍋移入烤箱烤3小時。取出後放置一旁，讓鴨腿在油脂中冷卻。

準備要盛盤上桌時，可以用小火加熱高麗菜。

把烤架加熱至中等熱度，小心將鴨腿從鴨油中取出，然後放在架有烤架的烤盤上，然後放進烤箱中，以上火烘烤加熱，讓鴨皮有完美又脆口的金黃色，大約會花3至5分鐘。

將熱燙的鴨腿與紫高麗菜一起盛盤，必要時可放水芥菜裝飾。

布林的秘訣：
你（應該）可以重複使用鴨油，把鴨油倒入玻璃罐內密封好，放在冰箱冷藏可以保存1個月左右。利用鴨油來煎任何食材，顯然可比平時添加更多風味，因為這鴨油曾經浸泡過整隻鴨。但若是想做143頁的薯餅，裡面可能還有些許鴨肉，所以需要在使用前另外攪拌一下。

花椰菜
有著漂亮外觀，但處理可得多多小心

花椰菜的料理方法非常多樣，外觀漂亮又有著清脆的菜梗心，不過它仍是經常被當成煮太久就失敗的難搞蔬菜之一，或是最後只會變成一團菜糊而已—若能用對方法，菜汁也可以很美味，只不過它常被丟棄在油膩髒水裡。

試著找出不同品種的花椰菜吧：我特別喜歡羅馬花椰菜，它有堅挺的綠色花株，比起普通花椰菜，這品種多帶了些許草根香味，但盛盤時絕對漂亮。

要提醒的是：花椰菜有時是難以讓人喜愛的蔬菜—因為從生的狀態到煮過頭的時間非常之短，但只要我們多留意一點，謹慎一點，就能完整釋放花椰菜的美味，做出全新的美味餐點。

挑選花椰菜時，要找：
*** 硬挺、潔白或翠綠清脆。**
*** 避免挑到黃掉，或是有許多「斑點」的花椰菜。**

松子葡萄乾花椰菜濃湯——饒富趣味的好滋味

4人份

我非常喜愛濃湯，不過湯勢必要有很好的口感，否則就單調無趣了。這一道是經典的法式花椰菜濃湯，另外加上甜的葡萄乾和烘烤過的香脆松子，增添趣味，讓整道湯的絕佳口感提升得恰到好處。

50克奶油
1顆洋蔥，去皮後切片
1小顆花椰菜，去梗後把花株切塊
800毫升牛奶
300毫升重乳脂鮮奶油
1撮糖
鹽和現磨黑胡椒

添料點綴：
20克松子，烘烤過
20克葡萄乾
1小枝芫荽，切成細末

在大鍋中加熱熔化奶油，但別讓奶油變色，放入洋蔥，用鹽和胡椒調味，持續翻炒2至3分鐘，但洋蔥也不能變色。接著加入花椰菜並倒入牛奶後煮滾，讓花椰菜成功軟化。倒入重乳脂鮮奶油，再次煮滾後立刻起鍋—因為要保留花椰菜的風味—接著放入攪拌器或食物處理機，攪打至滑順狀態。如果你使用食物處理機，記得要讓湯品涼一點再攪打。

利用篩子過篩打好的湯，倒入乾淨的深鍋中，用鹽和糖調味，必要時可以再加熱。

上桌時盛入溫熱的碗裡，撒上些許松子、葡萄乾和芫荽。

布林的秘訣：
在處理花椰菜時，花株頂尖很容易斷掉或碎掉：把它們留下來！可以灑在沙拉或是濃湯上，增加口感和風味。在廚房裡，我們都會稱這是「小花菜米」！

乾煎花椰菜佐煙燻鰻魚——讓鰻魚的豐厚香味更加突出

4人份

乾煎或炙燒花椰菜會讓這道餐點更加突出，口感更好，襯托出煙燻鰻魚的豐厚香味。

1整顆花椰菜，挑整好備用
50毫升橄欖油
250克煙燻鰻魚，切成薄片
1把水芥菜，保留葉片部分即可
4大匙芥末淋醬（請見216頁）
鹽和現磨黑胡椒

將花椰菜切成小花狀再切半：屆時你需要把切面放在煎鍋裡。拿一個碗，放入花椰菜，以鹽和黑胡椒調味，淋上橄欖油，使花椰菜均勻沾了油。

加熱橫紋煎鍋直到熱度適中，花椰菜切面朝下平放在鍋中煎1至2分鐘，或直到呈現漂亮的顏色且確實有乾煎的樣貌。翻面後再煎一分鐘，然後關火起鍋。

盛盤時，把煎好溫熱的花椰菜放在盤子裡，在花椰菜上方和四周擺置些許煙燻鰻魚，好讓蔬菜的溫度將鰻魚香味帶出來。每堆花椰菜鰻魚四周再放上水芥菜，淋上帶有顆粒的芥末淋醬。

櫻桃蘿蔔
生吃就很美味，當然也可以有更精緻的吃法

我父親常常會直接吃剛從土裡拔出來的櫻桃蘿蔔，隨手擦擦後沾點鹽就非常美味，這也是我小時候的吃法。我從來不知道櫻桃蘿蔔可以煮，直到我前往法國工作，當時還是新手的我，第一件被交代的事，就是拿櫻桃蘿蔔去沾滿奶油，而且是一整天！把蘿蔔放入味道豐富且調好味的香草奶油後，放在冷盤上—比起我們直接沾鹽生吃更為精緻，而這確實也是食客最愛的品嚐方式。

櫻桃蘿蔔實際上是芥末的一種，它們有非常棒的胡椒香氣，還有各種不同的形狀和顏色，有的是偏白的粉嫩色，還有深色如黑墨但肉質潔白無瑕的品種。

烹煮櫻桃蘿蔔有個技巧：一定要夠熱夠快。如果烹調時間太久，它們的自然顏色就會流失，盛盤時就看不見美麗、鮮紅的櫻桃蘿蔔。

挑選櫻桃蘿蔔時，要找：
*** 小顆、硬實且葉片新鮮的櫻桃蘿蔔：記得，葉片的部分也能當成食材。**
*** 避免任何摸起來鬆軟的櫻桃蘿蔔。**

櫻桃蘿蔔與香草美乃滋——簡單卻令人回味無窮

4人份

這道食譜非常簡單，但卻讓人回味無窮，流連忘返。香脆的紅色櫻桃蘿蔔、滑順充滿香草氣息的美乃滋醬，直接以手就口，是一道令人食指大動的小菜。

2把櫻桃蘿蔔

做香草美乃滋：
1把平葉巴西利，僅保留葉子部分
1小枝香艾菊（註）
2顆雞蛋黃
2茶匙白酒醋
2茶匙第戎芥末醬
350毫升植物油
檸檬汁，調味用
鹽和現磨黑胡椒

挑除櫻桃蘿蔔上死掉或黃掉的葉子，用冰水洗淨蘿蔔和剩下的葉片—這樣能維持其美觀和脆口。瀝乾後，用廚房紙巾拍乾，放一旁備用。
香草放入滾燙的鹽水浸泡30秒鐘，然後用漏勺取出，立刻放入攪拌器或食物處理機，攪打直到滑順。你可能需要偶爾加點水才能順利攪打，完成後用篩子過篩香草泥，裝入乾淨的碗中，放進冰箱冷卻。

利用裝有攪拌器的食物處理機打散蛋黃、醋和芥末醬，機器還在運作時，慢慢添加植物油，直到所有拌料混合均勻，甚至帶有油亮感。接著加入冷卻的香草泥攪拌，並以鹽、胡椒和檸檬汁調味。

盛盤時以櫻桃蘿蔔搭配香草美乃滋享用。

布林的秘訣：除了美乃滋，你可以直接把香草加入一包軟化的無鹽奶油，也就是我以前在尼斯內格雷斯柯酒店（Hotel Negresco）工作時的做法。再加上一茶匙滑順的第戎芥末醬，然後用鹽和胡椒調味，搭配櫻桃蘿蔔一起吃。

（註）：香艾菊Terragon，又稱龍蒿，在台灣各大百貨公司的進口超市可以購得，也可以在網路商城和香料食材行找到。

櫻桃蘿蔔帕瑪森馬鈴薯麵疙瘩——奧黛特餐廳的經典蔬食餐點

4人份

這裡再一次將兩種主要食材的自然風味結合，增添其風味特色。鬆軟的鹹味帕瑪森馬鈴薯麵疙瘩，還有清脆又有胡椒香氣的櫻桃蘿蔔，讓這道佳餚成為奧黛特的經典蔬食餐點。

2把櫻桃蘿蔔

1把櫻桃蘿蔔
50毫升植物油

做馬鈴薯麵疙瘩：
1至2把用來鋪撒在烤盤上的岩鹽
3大顆紅皮馬鈴薯或是其他有麵粉質地的馬鈴薯品種，不用削皮（可以做出約500克的馬鈴薯泥）
3顆雞蛋黃
120克麵粉，多準備一點防止麵團沾黏用
80克磨好的帕瑪森起司
1茶匙鹽
50克奶油
1把現切好的平葉巴西利和細香蔥，最後添入麵團用
鹽和現磨黑胡椒

以攝氏160度預熱烤箱。

在烤盤中鋪上一層岩鹽，最多約2公分厚；將馬鈴薯平鋪其上（這種做法可以把馬鈴薯的水分逼出來），放入烤箱烘烤直到馬鈴薯軟化，大約會花1至1.5小時。馬鈴薯烘烤完後就從烤箱取出，謹慎地一一切半—小心散發出來的過燙蒸汽—然後把溫軟的馬鈴薯肉挖到大碗中，壓成馬鈴薯泥。

碗中加入蛋黃、麵粉、帕瑪斯起司和鹽，持續攪拌均勻，直到所有拌料成為一整個麵團為止。這麵團摸起來會是絲滑且可揉捏的狀態—就像油灰一樣。把整塊麵團分成四等份，以手沾些許麵粉，待揉麵檯也灑上麵粉後把每塊麵團揉整成約1公分寬的長條狀。接著，每一條麵團按2.5公分長度一一切塊，放在灑有麵粉的板子或盤子中。

煮沸一鍋鹽水後，放入馬鈴薯麵疙瘩—可以一次煮一半，麵疙瘩浮在水面上就是熟成了。 在你烹煮剩下的麵疙瘩時，用漏勺取出煮好的麵疙瘩放入濾鍋中。

再來準備櫻桃蘿蔔的部分，小心地剔除、挑整好葉片（去掉任何死掉或黃掉的葉子），把櫻桃蘿蔔放入冰水裡洗淨—這可以維持其美觀和脆口。瀝乾後用廚房紙巾拍乾，葉片留著放在一旁備用。

把櫻桃蘿蔔一顆顆切半，用鹽和胡椒調味，在大型平底鍋中倒油燒熱，將櫻桃蘿蔔切面朝下放入。不要翻面，也別一次擺過多，必要時可以分成兩堆烹煮。持續煎2至3分鐘或是直到蘿蔔呈金黃色後，起鍋放置一旁保溫。

接續在原平底鍋中放入奶油熔化，倒入煮好的馬鈴薯麵疙瘩、櫻桃蘿蔔和蘿蔔葉。翻炒均勻後起鍋。蘿蔔葉會因麵疙瘩的溫度而持續熟成變軟，此時再以鹽和胡椒調味，盛盤時把所有食材放入碗中，撒上些許新鮮的香草即完成。

布林的秘訣：可以先在碗中放上一匙205頁的青醬，然後再堆疊麵疙瘩和櫻桃蘿蔔。

櫻桃蘿蔔海蘆筍佐鹹醃海鱒 ── 自然鮮甜的海口味

6人份

海蘆筍（註）確實是受歡迎的食材之一，它有自然的海味，和櫻桃蘿蔔很搭，加上人人喜愛的海鱒，堪稱完美。這道料理是我最愛的菜色之一，帶有橙香的淋醬更凸顯出魚肉的鮮甜，不過因為這道菜的魚肉是生吃的，所以一定要是夠新鮮的魚才行。

2顆柑橘的橘皮與橘子汁
2顆檸檬的檸檬皮與檸檬汁
2顆萊姆的萊姆皮與萊姆汁
2大匙蜂蜜
150毫升橄欖油
100克海蘆筍
1份野生海鱒魚一側的肉
6顆櫻桃蘿蔔，挑整好切成薄片
1把山蘿蔔、巴西利和／或細香蔥，挑出葉子部分後大略撕碎
鹽和現磨黑胡椒

先製作淋醬部分，把柑橘汁、檸檬汁和萊姆汁倒入大碗中，加入蜂蜜和少許鹽，慢慢倒入橄欖油，輕輕混合均勻直到乳化，靜置備用。

在滾燙的鹽水中放入海蘆筍浸泡1分鐘，然後直接把海蘆筍放入冰水裡，避免因高溫繼續烹煮，之後靜置一旁。

把海鱒魚肉盡可能切成非常薄的薄片，在大盤子或有深度的碗中一片交疊著一片擺盤，在魚肉上倒入半碗淋醬，封起來，在準備食用之前放進冰箱冷藏20分鐘。

在裝有海蘆筍的碗中放入櫻桃蘿蔔，用鹽和胡椒調味。

上桌時，把櫻桃蘿蔔和海蘆筍隨意灑在魚肉拼盤上，淋上剩下半碗的醬汁，最後以新鮮的香草點綴。

布林的秘訣：可以把海鱒魚肉換成鮭魚。

（註）海蘆筍samphire，又稱海菜豆，綠色，外觀有點像珊瑚，在台灣雖然不太常見，但有時可以在連鎖超市或農會超市裡購得。

小包心菜
苦澀也是一種開胃的選擇

要用時令食材來烹煮料理其實困難不少，比如說如果我們英國人不喜歡小包心菜，那到了冬天就會非常苦惱，因為它們正是當季蔬菜，到處都是！

我小時候也不喜歡小包心菜—我想多數的英國人應該都不喜歡吧，除了我的弟弟葛里斯，那又是另外一段故事了。當我成為廚師之後，我發現這種常被詆毀名聲的蕓薹屬植物其實有非常多好處，而且也有多種料理的方法，蒸煮、乳化成泥狀或快炒皆宜。

烹調小包心菜最關鍵之處在於保留其顏色，如果能維持顏色，就能保留其風味。我們通常不會讓這種蔬菜煮到看起來變得顏色灰黃，必須保留它們翠綠的顏色和鮮度。

挑選小包心菜時，要找：
* 葉片包覆緊實，帶有翠綠的顏色，最好還保留其長型的莖部。
* 形狀越小，味道越甜。

奶油小包心菜炙烤雉雞 —
有深度的豐厚滋味

4人份

這道食譜的發想，源自某天廚房裡存了一大堆冬天當季的蕓薹屬蔬菜。奶油溫和的包覆在小包心菜上，為其豐厚的風味增添深度，完美襯托了鹹味的培根和野味。

2隻中等大小的雉雞，清除肝臟後處理好準備烘烤
2大匙橄欖油
6片條紋培根
250克小包心菜
50克奶油

以攝氏180度 預熱烤箱。

用鹽和胡椒醃抹雉雞，平底鍋燒熱後放入橄欖油，將雉雞煎至表面呈金黃。

將雉雞換到烤盤中，在其胸肉部位鋪上培根，放入烤箱烤15至20分鐘，或是直到熟成為止。完成時，雉雞內部應該還帶有些許粉色的狀態。

200毫升重乳脂鮮奶油
鹽和現磨黑胡椒

將雞肉從烤箱取出，培根拿下放置一旁，用鋁箔紙包覆雉雞保溫，靜置備用。

盡可能將小包心菜切成薄片，在大鍋中放入奶油加熱熔化，但別讓奶油變色。放入小包心菜片，並用鹽和胡椒調味，快速翻炒，別讓菜變色。小包心菜本身的水分在烹煮期間會釋放出來，一旦所有汁液收乾，就倒入重乳脂鮮奶油，煮滾後燜煮直到湯汁收乾，可以吸附在蔬菜上。

將切好的雉雞肉搭配小包心菜，還有一旁的鹹脆培根，一起享用。

小包心菜栗子炙烤鷓鴣——秋季來臨時的經典野味

4人份

這道佳餚出現之時，就是美麗秋季降臨之際。小包心菜此時蓬勃生長在莖上，而街角小販開始販售烤栗子，此時就是野味之季。這份食譜做出來的成品，美味不説，更是簡單結合的原汁原味，只要記住一點：小包心菜別煮太久就好！

4隻鷓鴣，清除肝臟後處理好準備烘烤
3大匙植物油
250克小包心菜，挑整備用
100克煮熟的栗子（多以真空包裝販售）
50克奶油
1小枝百里香，僅保留葉片部分
鹽和現磨黑胡椒

以攝氏180度預熱烤箱。

用鹽和胡椒醃抹鷓鴣後，將平底鍋加熱倒入兩大匙油，將鷓鴣表面煎至金黃。

把鷓鴣移至烤盤中，放入烤箱烤10至15分鐘，或直到熟成為止，完成時其內部應該尚有些許粉色的狀態。從烤箱取出後，包上鋁箔紙保溫，靜置一旁。

小包心菜放入滾沸的鹽水中，在剛好熟成但還呈硬實、鮮綠狀態時起鍋，放入冰水中直到蔬菜冷卻。瀝乾後用廚房紙巾確實拍乾。

將小包心菜和栗子對切，把剩下的油倒入鍋中加熱後，倒入小包心菜，以鹽和胡椒調味，一旦甘藍菜開始變色時放入栗子，接著是奶油，持續翻炒2至3分鐘，最後放入百里香葉後拌炒後起鍋。

上桌時，將小包心菜和栗子盛碗後擺在鷓鴣旁一併享用。

水芥菜
含有豐富的維生素

我們大多會把水芥菜拿來裝飾餐點，但是既然它有新鮮且胡椒香氣的口感，那也應該有嶄露頭角的機會，畢竟這是人類懂得食用蔬菜以來，使用最久的一種綠葉蔬菜，最出名的就是古波斯人，他們認為水芥菜可以幫助孩子成長，至於羅馬人則喜歡在沙拉裡添加水芥菜，認為這種蔬菜有助於屏除心中雜念，讓人不易在做決定時心猿意馬。水芥菜含有豐富的維生素C，這也是讓庫克船長（註）在航行世界時讓廚師添入船員飲食內的食材。我認為水芥菜是非常好的食物，它適合搭配魚肉，也能為柑橙茴香沙拉增添風味，還能用來做成濃湯。水芥菜最棒的賞味期就是越新鮮的越好吃，所以當你買回家後請即刻調理享用，如果你一定要存放，那就用塑膠袋包起來放進冰箱冷藏，或是浸泡在冷水裡。

挑選水芥菜時，要找：
*** 深綠色的葉子—顏色越深越好。**

（註）庫克船長 Captain Cook，18世紀時英國著名的航海家，1755年加入英國皇家海軍，曾三度出海前往太平洋，帶領船員成為首批登陸澳洲東岸和夏威夷群島的歐洲人，史上第一批環行紐西蘭的歐洲艦隊也是他所率領。

水芥菜濃湯水波鴨蛋——滑順香濃的雙贏搭配

4人份

專業上而言，水芥菜不算甘藍屬而是豆瓣菜屬，是芥末家族的其中一支——十字花科。水芥菜的胡椒香氣在這道菜中，正是鴨蛋內部滑順香濃的絕佳包裝，而鴨蛋最棒的地方，在於其蛋黃溶於湯中可增加濃稠度，不論如何，這種搭配就是雙贏。

水波鴨蛋：
4顆鴨蛋
1大匙醋
1撮鹽

濃湯：
100克奶油
1顆洋蔥，去皮後切片
1大顆馬鈴薯，削皮後切片
1.2公升蔬菜高湯
500克水芥菜，洗淨挑整備用
海鹽與現磨黑胡椒

把鴨蛋打入4個茶杯或小型蛋糕模中，準備一碗冰水。在中型深鍋中加水煮至大滾，倒入醋和鹽，然後一個接著一個慢慢將蛋放進去，鴨蛋會沉到鍋底，同時蛋白會往上升包覆蛋黃，大約30秒後，整顆蛋會再次浮上水面，這時就用漏勺把鴨蛋一個個取出，立刻放入冰水中，避免它們繼續因溫度而持續加熱。鴨蛋冷卻後，用漏勺取出放一旁瀝乾，等到準備要用時，再放入滾水中泡30秒即可。

在大鍋裡放入奶油，以文火加熱，別讓奶油變色。放入洋蔥，輕輕翻炒約4至5分鐘，或直到洋蔥軟化。加入馬鈴薯，另外炒1至2分鐘，用鹽調味後倒入高湯，煮滾並燜煮2至3分鐘，或直到馬鈴薯全熟成，然後就放入水芥菜。再次讓鍋中食材全部一起煮滾後離開爐火，利用手持攪拌器或食物調理機攪打，直到所有材料變得滑順。如果你是用食物調理機，記得要讓所有材料涼一點再攪。把打好的食材過篩，放入乾淨的鍋裡，用鹽和胡椒調味。

盛盤時，把溫熱的鴨蛋放在碗中央，用鹽和胡椒調味，然後從旁倒入水芥菜濃湯，試著別讓鴨蛋淹沒在湯裡，只要倒在周邊，讓鴨蛋像座島一樣就好。

櫛瓜

成長的每一階段都適合用來烹飪

櫛瓜（或稱筍瓜）這種小巧的瓜類，其成長的每一階段都適合用來烹調料理。櫛瓜的花外觀小巧，極具夏季氣息，可以裹上麵衣油炸；嫩櫛瓜只需要刷上一點橄欖油，放入烤箱炙烤，或是在烤肉時放在烤架上一起烘烤，就成了簡單的美食；我還喜愛櫛瓜片—實際上倫敦就有這麼一個地方，我每次去都會專程點這一道菜。你可以嘗試不同的櫛瓜品種，不要只吃熟悉的深綠色櫛瓜，球形的櫛瓜甘甜巧妙，而黃色的櫛瓜口感更脆，風味更強烈，好比梵谷曾以大量黃色畫作令人無比驚豔一樣。櫛瓜是非常容易栽種的蔬菜—我有朋友是在自家屋頂上種植整片櫛瓜；這種蔬菜新鮮又非常具有特色，是告知夏季來臨的信使，也是我最愛的蔬菜之一。

挑選櫛瓜時，要找：

*** 堅硬、表皮看起來明亮的，且形狀不大風味較佳。**

漬櫛瓜松子帕瑪森起司沙拉 —— 南歐風味，口口新鮮清脆

4人份

這道沙拉的靈感源自某次我在義大利度假，在這以前我從未想過櫛瓜可以做出生食的餐點。這道菜不僅在視覺上搶眼，同時也非常美味，口口新鮮清脆，只要簡單淋上醬汁，撒上烘烤過的松子，搭配鹹香的帕瑪森起司就完成了。

淋醬：
50毫升葡萄醋
150毫升橄欖油
些許擠好的檸檬汁
鹽和現磨黑胡椒

沙拉：
3條黃櫛瓜，整理好備用
3條綠櫛瓜，整理好備用
80克松子，烘烤
3把野生芝麻葉
100克帕瑪森起司，磨成薄片
鹽

製作沙拉醬時，在大碗中倒入葡萄醋，用鹽和胡椒調味，拌入橄欖油攪勻，然後擠上檸檬汁。

利用刨刀將所有櫛瓜削成長薄片—大約是3公釐厚度就好。把櫛瓜片放在濾鍋中，抹上些許鹽靜置7至8分鐘，逼出所有水分。完成後，用廚房紙巾完整拍乾。

在四個大子中放上櫛瓜片，黃綠均勻分配，要弄得更漂亮可以嘗試堆疊高度，之後灑上烤好的松子，淋上些許葡萄醋醬汁後，再放上一層芝麻葉，最後淋上剩下的醬汁。

頂部撒上帕瑪森起司薄片，完成。

櫛瓜花大比目魚——參考普羅旺斯燉菜手法的創意料理

4人份

美麗的黃色櫛瓜花通常都是沾裹麵衣後油炸來吃，我一直想以比較沒有負擔、同時又可吃到櫛瓜花味道的方法來，因此這份食譜採用蒸煮的方式，另外搭配好比普羅旺斯燉菜手法填餡油煎的大比目魚，就成了一道非常美味的午餐或晚餐，更是這一套櫛瓜四吃料理餐會的一大亮點。

櫛瓜：
1大匙蔬菜油
1條櫛瓜，整理過後切成1公分大小的方丁
1小枝百里香，只保留葉片部分
50克香料番茄酸甜醬（請見217頁）
4朵還連在櫛瓜上的櫛瓜花

大比目魚：
4片160克重的大比目魚排
1大匙橄欖油
50克奶油
鹽和現磨黑胡椒

鍋內放入植物油後，以中火燒熱，放入櫛瓜丁和百里香葉，用鹽和胡椒調味，翻炒但別讓食材變色，直到櫛瓜軟化且所有水分都蒸發為止。起鍋後放入番茄酸甜醬拌勻—但不能太濕，靜置冷卻。

小心地張開櫛瓜花，別弄破或是與櫛瓜分離，仔細檢查花朵內是否乾淨，然後填入冷卻的櫛瓜拌料，再把花朵頂部收合，使餡料包覆在內，用保鮮膜謹慎包裹好每一朵花，避免之後蒸煮時有過多水氣滲入，包好後放入冰箱冷藏，準備要烹煮時再拿出。

把櫛瓜放入蒸鍋，蒸煮5至6分鐘，或直到櫛瓜煮熟，解開花朵上的保鮮膜後，放置一旁保溫備用。

用鹽和胡椒調味大比目魚，用中火加熱大的厚底平底鍋後加入橄欖油，燒熱後放大比目魚，煎2至3分鐘，再添入奶油熔化，奶油開始起泡時將魚肉翻面，另外煎1至2分鐘。

盛盤時，把魚肉與有填餡的櫛瓜花一起擺盤即完成。

炸櫛瓜豬排佐番茄橄欖醬——夏季最完美的天生絕配

2人份

櫛瓜和番茄的組合：拜託！你知道我在說什麼！如果你家院子裡種了櫛瓜，那我猜你也種了番茄吧。這兩種食材就是天生絕配，搭配大塊豬排，就能做出夏天最完美的料理。

櫛瓜：
2條櫛瓜，整理後切成薯條大小
150克麵粉
鹽和現磨黑胡椒

豬肉：
1大塊帶有兩根骨頭的豬排（也就是兩塊相連的豬排）
1大匙橄欖油
50克奶油

番茄橄欖醬：
4顆番茄
50毫升橄欖油
1大匙切成細末的紅蔥頭
1/2瓣大蒜，切碎
1大匙香料番茄酸甜醬（請見217頁）
4顆綠橄欖
4片羅勒葉，撕碎
鹽和現磨黑胡椒

以攝氏160度預熱烤箱。

在濾鍋中放入櫛瓜，下面墊一個碗，然後撒上鹽出水，混合均勻後靜置30分鐘，完成後把櫛瓜放在廚房紙巾上全部弄乾。

將豬排用鹽和胡椒調味，在大型燉菜砂鍋中倒入橄欖油和一半奶油，以中等溫度加熱，然後放入豬肉煎至兩面呈金黃且開始有焦糖化為止。整鍋移至烤箱內烤20分鐘，或直到所有肉汁烤乾，移出烤箱後蓋住，靜置10至15分鐘。

以攝氏180度預熱油炸機。

大碗中放入麵粉，用鹽和胡椒調味，丟入櫛瓜攪拌，然後油炸櫛瓜約2至3分鐘，或直到櫛瓜成金黃色。起鍋後放在廚房紙巾上瀝油。

沾醬製作上，在滾燙鹽水中倒入番茄，泡個10秒後立刻放入冰水中。冷卻後把番茄皮剝除，一一切半，接著把番茄籽挖除，將果肉切成5公釐寬的丁狀，放在一旁備用。

在小鍋中放入橄欖油、紅蔥頭、大蒜和番茄酸甜醬，慢慢加熱──不要煮滾。放入橄欖、番茄丁和羅勒，再以鹽和胡椒調味，靜置一旁保溫。

盛盤時，把豬排切一半，將番茄橄欖醬分做兩盤，然後每盤上方放上豬排，炸好的櫛瓜放一旁。

櫛瓜檸檬百里香蛋糕——充滿檸檬香氣的茶點

8-10人份

櫛瓜本身是水分很充足的蔬菜，可以為此道蛋糕補足水分。這食譜不僅無負擔、充斥檸檬香氣又很美味，可以當成點心，或是配上一杯茶一起吃也很棒。

125毫升植物油，另外準備一些抹蛋糕模用
3顆雞蛋
150克糖粉
250克一般麵粉
1茶匙小蘇打
1茶匙發粉
3大根櫛瓜，綠色或黃色均可，整理後磨成細末
1小枝百里香，保留葉片部分即可

以攝氏180度預熱烤箱，並將可放入450克重麵團的吐司烤模抹上油。

在大碗中放入油、雞蛋和糖，攪拌均勻直到呈滑順狀態，將麵粉、小蘇打和發粉過篩倒入，繼續攪拌，待所有拌料混合均勻後再倒入磨好的櫛瓜碎末和百里香葉。

將所有材料倒入準備好的吐司模中，放入烤箱烤25至30分鐘，完成後從烤箱取出，靜置約5分鐘使蛋糕放涼，之後取出蛋糕，放在架上任其完全冷卻。

這道蛋糕若加上第190頁的檸檬蛋黃醬，會非常對味。

小黃瓜
別再冷落了擁有美妙滋味的它

這是另一種經常被發現蜷縮在冰箱角落的蔬菜。可憐的小黃瓜，總是以生冷、切碎的樣子出場，完全可惜了它美妙的味道。我在標準餐廳為懷特工作時，經常會做一道他的代表性菜餚：溫黃瓜生蠔，以加熱的生蠔湯汁，拌上黃瓜丁，這拌料會放在帶殼生蠔頂端盛盤上桌，簡單又令人驚奇於它的美味，也是因為這道菜我才了解到，小黃瓜除了放在三明治中還有其他做法！此蔬菜可以醃漬、熗炒、切成小黃瓜片或磨成絲，也可製成湯品（請見下方食譜），還能炙燒或炙烤（請見對頁食譜）。

小黃瓜最棒的賞味期是剛熟成且嫩脆的時候：放在冰箱後要儘速食用。

挑選小黃瓜時，要找：
*** 硬挺、青綠色且外觀平整，壓捏時沒有鬆軟感。**

小黃瓜冷湯 —
清涼消暑的輕食午餐

4人份

冰涼、青綠色又消暑，這道湯品適合做前菜或輕食午餐。你可以放幾片煙燻魚肉，或是汆燙一些生蠔，讓它們浮在頂端，會有不同的口感和味道。如果你想品嚐這道湯，要前一天就開始準備。

6條小黃瓜，去籽後切成3公分丁狀
1把山蘿蔔
1把香艾菊
1把細香蔥
1顆檸檬榨汁

大碗中放入小黃瓜，把山蘿蔔和香艾菊的葉片取下，留些完整的葉片做最後的點綴，其他的隨意撕碎，連同細香蔥一同放入碗中，加入檸檬汁並用鹽和胡椒調味，攪拌均勻後加上蓋子，放入冰箱冷藏一夜。

隔天，把碗中拌料全放入攪拌機或食物處理機中，攪打至滑順狀態，然後利用篩子過篩裝入乾淨的碗，盡可能把所有湯水全部擠壓出來。接著在黃瓜湯汁中放入鮮奶

300毫升重乳脂鮮奶油
250克馬斯卡彭起司
2大匙辣根醬
橄欖油
鹽和現磨黑胡椒

油，馬斯卡彭起司和辣根醬，混合均勻，另外以鹽和胡椒調味。

上桌時，把濃湯盛入碗中，用留下的山蘿蔔和香艾菊葉加以點綴，並淋上些許橄欖油即可。

炙燒小黃瓜佐烏賊辣椒 —— 別被炙燒嚇到，這道菜很適合炎炎夏日

4人份

炙燒小黃瓜確實有點罕見，但你會發現這做法能讓整道菜變得非常「小黃瓜」。軟嫩的烏賊與脆口的小黃瓜，對比的口加上辣椒的輔助，使這道料理成為炎夏時光中完美的前菜或是輕食午餐。

1隻中型烏賊，洗淨
1顆紅辣椒，切細末
1顆萊姆榨汁與萊姆皮
1小撮糖
1瓣大蒜，壓碎
4大匙植物油，另外準備一些最後淋上
2條小黃瓜，削皮後切成1公分厚的圓片
2根青蔥，整理後切段
鹽和現磨黑胡椒

將烏賊切成方便入口的大小放入碗中，加入辣椒、萊姆汁和萊姆皮、糖、大蒜、海鹽、胡椒和3大匙植物油。蓋住碗後放入冰箱冷藏，醃漬1小時。

在濾鍋中放入小黃瓜片，下方放個碗，撒上海鹽，靜置30分鐘後，把小黃瓜片放在廚房紙巾上吸乾多餘水分，讓小黃瓜確實保持乾爽。

燒熱橫紋煎鍋，在小黃瓜片上淋上些許植物油後，下鍋油煎，必要時可以分批煎，大約2分鐘就可讓小黃瓜呈現完美的炙燒效果，隨即翻面後關火。

取出烏賊後保留碗裡的醃汁，以中火燒熱大炒鍋後放入剩下的植物油，鍋內開始冒煙後放入烏賊，等候30秒再開始用木匙翻炒或攪拌。接著倒入醃汁，另外再炒30秒，最後放入青蔥，略微翻炒即可。

盛盤時把炙燒的小黃瓜放入碗中，以海鹽調味，接著再倒上烏賊與醬汁。

南瓜
種類繁多，適合用來做各種有趣又美味的料理實驗

這種用途廣泛、有著堅硬外表的蔬菜，絕不會只活躍在萬聖節！它們不僅種類繁多，值得我們仔細關注。一般而言，南瓜本身都有豐富的水分，所以在烹調時，我們為了要強調其自然風味，就得盡力去除它們身上的水分；也就是說，不同品種的南瓜含水量自然不同。

一旦你在本書中學會利用南瓜來做菜，你就可以利用其他品種的南瓜來做料理實驗。在家時我喜歡的烹調方式如下：小南瓜填餡做成配菜，頭巾南瓜或奶油南瓜拿來快炒，而小型的橡子南瓜則適合整顆烘烤。不過在餐廳時我選用的多是奶油南瓜，因為這品種的口感一致且容易調理！但說到南瓜派，我會建議使用印度南瓜，或是目前在西方國家超市裡常見的綠皮日本南瓜。南瓜不僅肉質色彩鮮豔，還有非常天然的香甜風味，也相當適合做甜點。

挑選南瓜時，要找：

*** 堅實且重量要符合相應的大小。**

*** 如果你購買的是一瓣或一片南瓜，要確認其肉質密實—不是絲狀。**

奶油南瓜帕瑪森濃湯——甘美溫潤的暖心湯品

4人份

這道湯品有多數人喜愛的鹹甘風味，色澤看起來也很可口。你可以在寒冷的天氣裡喝上一碗，搭配33頁教過的現烤新鮮紅蔥頭麵包。

濃湯：
800毫升蔬菜高湯
50克奶油
1顆洋蔥，去皮後切成細末
1公斤重的奶油南瓜，削皮、去籽再切成方塊（保留20克南瓜丁用來點綴）
100克帕馬森起司，連同外皮一起削薄後切成細末
鹽和現磨黑胡椒

綴飾：
20克奶油南瓜籽
2大匙植物油，或是足以淹沒南瓜籽的量
100克新鮮的牛肝蕈，切成可入口的大小
1把細香蔥，切成細末
1大匙無鹽奶油
20克帕瑪森起司，切成5公釐大小的方丁

先製作濃湯。把高湯倒入厚底鍋內，以中火煮滾。

用小火加熱大鍋內的奶油使之熔化，放入洋蔥翻炒，別讓洋蔥變色。洋蔥軟化後，加入切成丁的奶油南瓜，以中火持續翻炒2分鐘。倒入滾燙的蔬菜高湯，再度煮滾，接著倒入帕馬森起司，燜煮約10分鐘或直到南瓜熟成為止，然後以鹽和胡椒調味。把整鍋湯倒入食物調理機和攪拌器中，攪打至滑順狀態，仔細過篩後倒入乾淨的鍋內，靜置一旁。

製作點綴配料上，在平底鍋中以小火乾烤奶油南瓜籽，直到香氣全都散發出來後，倒入植物油，燜上5分鐘。利用漏勺將南瓜籽從油中取出，放在廚房紙巾上瀝油備用，鍋內的油留下來。

燒熱平底鍋，放入一點點帶有南瓜籽香氣的油，再添入牛肝蕈，以鹽和胡椒調味後，翻炒菇類至呈金黃色後放入細香蔥，再把菇類取出，保溫放置一旁。

在另一個平底鍋加熱熔化奶油，然後輕柔翻炒南瓜丁約束分鐘時間，或直到南瓜丁熟成為止。用漏勺取出南瓜丁後，放在廚房紙巾上瀝油備用。

盛盤時，把濃湯再次加熱煮滾，倒入碗中，撒上帕瑪森起司丁和南瓜丁，然後再放上切丁的牛肝蕈，最後撒上南瓜籽以及少許用來浸泡南瓜籽的油。

布林的秘訣：千萬不要丟掉帕瑪森起司外邊的硬皮，把硬皮丟入塑膠袋放入冰箱冷藏，可為各種風味的濃湯和燉菜增添深度。

奶油南瓜披薩佐炙燒干貝藍紋起司——最完美的南瓜餐點

6人份

你可能會想，南瓜、干貝和亂灑一通的藍紋起司根本是奇怪的搭配組合，但其實干貝本身風味巧妙又有奶香的鹹味，與奶油南瓜的香濃與藍紋起司的強烈氣味組合後，這道法式披薩就是最完美的南瓜餐點。

麵團：

5克新鮮酵母菌
175毫升溫水
250克白色高筋麵粉，多準備一些防止沾黏用
1茶匙鹽
50毫升橄欖油

披薩料：

1小顆奶油南瓜，削皮
1小枝迷迭香，只保留葉子部分，大略切碎備用
橄欖油，最後淋披薩用
1大匙植物油
4大顆干貝，每一顆切成兩半（無卵）
些許現榨檸檬汁
100克藍紋起司，剝成碎塊
1把芝麻葉
鹽和現磨黑胡椒

在40×30公分大小的烤盤裡抹些油，另外用溫水溶解酵母菌。大碗中放入麵粉、鹽和橄欖油，再倒入溶有酵母菌的水。用雙手攪和麵粉和水，混合均勻使所有材料充分結合—最後應該是不太黏的狀態。

把攪拌好的麵團取出，放在撒好麵粉的平面上，揉麵5分鐘左右，直到麵團光滑，且可拉長延伸，有絲滑感為止。

將麵糰擀開攤平到與烤盤相符的大小，放在烤盤上，移入冰箱冷藏，靜置2小時。

把奶油南瓜從中剖半，去籽將南瓜肉切成薄片，放一旁備用。

以攝氏180度預熱烤箱，將烤盤取出冰箱，把奶油南瓜片鋪在麵團上，用鹽與胡椒、切碎的迷迭香調味，淋上橄欖油，然後靜置30分鐘，使麵團回溫且再發麵一下。

把烤盤移入烤箱烤25至30分鐘，或直到披薩已經烤到麵皮膨起、呈現金黃色為止。取出後靜置冷卻約5分鐘。

燒熱厚底平底鍋，放入植物油，再將干貝放入鍋中煎1分鐘，之後翻面另外煎約30秒—最好的狀態是內部還有點生；起鍋後用鹽和些許檸檬汁調味。

盛盤時，把干貝放在南瓜上，撒上藍紋起司，略放上芝麻葉即完成。

鼠尾草奶油南瓜燉飯——再搭配個慢火烘烤五花肉就更療癒了

4人份（當成前菜）

分享餐會上，我們會以這道餐點搭配慢火烘烤的五花肉（48頁），因為這兩者的口感和風味非常契合。光是燉飯本身其實就可以是很棒的無肉前菜，或輕食午餐或晚餐，如果你想再搭配五花肉一起吃，就需要從前一天開始準備。

燉飯：
1小顆奶油南瓜，削皮
1小枝百里香，僅保留葉片部分
50毫升橄欖油
1公升蔬菜高湯
50克奶油
2顆紅蔥頭，去皮後切成細末
150克燉飯用米
100毫升白酒
50克帕瑪森起司，磨成粉末狀
鹽和現磨黑胡椒

鼠尾草奶油：
50克奶油
1/2顆檸檬汁
1至2大匙切碎的鼠尾草葉

以攝氏180度預熱烤箱。

將南瓜從中剖半，挖除南瓜籽，用鹽和胡椒調味，並撒上百里香葉，淋上橄欖油。用鋁箔紙包裹南瓜後放入烤箱烤40分鐘，或直到南瓜軟化為止。

南瓜烤好後取出烤箱，靜置放涼，溫度下降到適合徒手拿取時，利用甜點匙，小心將瓜肉挖出，放一旁備用。盡量挖出有漂亮形狀的南瓜，但如果很多破碎的瓜肉也不需擔心，因為這也能為燉飯提升口感。

將高湯倒入鍋子裡，放在距離相近、可隨時拿取的爐上，以中火加熱煮滾後，關小火悶煮。

在厚底的大鍋中加熱熔化奶油，放入切碎的紅蔥頭，翻炒2至3分鐘或直到紅蔥頭軟化。放入米翻炒，讓米粒能均勻沾附奶油以及紅蔥頭，攪拌約1分鐘。接著倒入白酒，持續攪拌，直到所有酒汁被米吸收後，再加上滿滿一大匙燉煮的高湯，持續翻攪，每次放入高湯之前，要確保前一匙的湯汁被完整吸收，重複動作直到米變軟但米心尚未全透的狀態—這大約會花上20分鐘。

燉飯完成後離火，拌入帕瑪森起司，蓋上蓋子讓起司能夠充分熔化，此時放入奶油南瓜，溫和攪拌。如果此時燉飯還是有點硬，就在盛盤之前再拌入些許高湯。蓋上蓋子保溫，靜置一旁。

製作鼠尾草奶油，在厚底平底鍋中放入奶油，以中火加熱直到奶油融化成金黃色，接著將鍋子遠離爐火後，加入榨好的檸檬汁，再添入鼠尾草葉。

盛盤時將燉飯放入碗中，倒上鼠尾草奶油，一旁可加上一片48頁的烤五花肉。

南瓜派——感恩節經典甜品

8人份

這是北美感恩節的經典甜品—沒多久就成為我廚房裡的必吃甜食。

1份甜酥皮麵團（請見219頁）
麵粉，防止沾黏用
350克重的日本南瓜，切成丁
1顆雞蛋
5顆雞蛋黃
1/2個香草莢，保留香草籽即可
175克糖粉
200毫升重乳脂鮮奶油

以攝氏180度預熱烤箱，並在直徑約23公分、附有可卸式底盤的烤模中抹油。

在灑上麵粉的平面處擀平酥皮麵團，裝進烤模裡，在麵團上方放一層烘焙紙，加上壓派石後烤15至20分鐘，接著從烤箱取出，拿掉烘焙紙和壓派石，讓派皮靜置冷卻備用。

將切丁的南瓜放入厚底鍋中，倒入能淹沒一半南瓜的水，蓋上蓋子煮滾7至8分鐘。打開蓋子後，攪拌南瓜—如果還不夠軟，就不加蓋繼續煮，直到南瓜軟化。離開爐火後利用濾鍋瀝乾南瓜，保留煮南瓜的湯水。

南瓜放入攪拌器或食物處理機攪打，期間只添加煮南瓜水。這階段你需要讓南瓜泥呈現濕滑濃稠的感覺，完成後就靜置一旁放涼後再放入冰箱冷藏，直到完全冷卻。

以攝氏140度預熱烤箱。

南瓜泥冷卻後倒在大碗中，拌入剩下的所有材料，均勻攪拌讓所有材料結合。

攪拌好的拌料放進塔模中，移入烤箱烤40分鐘或直到外表膨起，出現金黃色為止。

蠶豆

宛如綠寶石般耀眼

我的祖父以前有種蠶豆，我還記得自己曾坐在電視前，一邊快樂地觀賞我最愛的電視節目，一邊剝蠶豆豆莢，不過我小時候一點也不愛這種豆子。當時大人會連皮一起烹煮，而我總認為這豆子吃起來好像橡皮（抱歉，媽媽），後來當我在倫敦的餐廳廚房裡工作時，我得花好多時間把豆子剝下來、汆燙，接著一一將它們灰綠色的皮拆掉，一一展現裡面的綠色寶石。這過程確實是一大發現，對於兒時認定這是種討厭蔬菜的我來說更是關鍵，原來要讓蠶豆變得美味是有秘訣的！

挑選蠶豆時，要找：

* **蠶豆最棒的時期就是豆莢嫩綠、新鮮的時候。**
* **試著挑選帶有最少棕色斑點、且沒有氣囊的堅硬豆莢—那些是不結實且有點老掉的豆莢。**

蠶豆香艾菊水煮嫩雞——十分搶眼的經典美味

4人份

這是一道非常美味且簡易的料理，適合當作午餐或簡單的晚餐。雞肉與香艾菊是經典組合，蠶豆則增添了這道菜的顏色、搶眼度和口感。

650毫升雞高湯
1大匙橄欖油
1小顆洋蔥，去皮後切成細末
1瓣大蒜，去皮後切成細末
100克珍珠麥
4塊去皮雞胸肉
200克去殼蠶豆
1小枝香艾菊，僅保留葉片部分
鹽和現磨黑胡椒

把雞高湯倒入大鍋中，加熱到快滾沸的狀態後轉小火燜煮。

同時，在另一個大鍋中以中火燒熱橄欖油，放入洋蔥和大蒜翻炒，但別讓它們變色。鍋內食材軟化後，放入珍珠麥，用鹽和胡椒調味，接著倒入熱的高湯，加熱直到快滾沸時轉小火燜煮30分鐘，或直到珍珠麥軟化為止。

雞胸肉用鹽和胡椒調味，放在裝有珍珠麥的鍋子內，雞肉要被其他材料淹過（你可能需要再加一點高湯或水）的狀態，接著水煮12至14分鐘或直到雞肉熟成。接下來放入蠶豆，繼續再煮幾分鐘。

最後盛入大碗裡，撒上些許香艾菊葉即可。

布林的秘訣：如果你手邊的蠶豆是取自新鮮的嫩豆莢，就別把豆莢丟掉，只要輕柔地挑掉上頭硬韌的纖維，拿掉內部的白色絨毛後，稍微沾裹薄薄一層麵衣後油炸至酥脆，再撒上海鹽就是一道點心了。

西班牙辣腸蠶豆燉飯—
蠶豆的甜味與辛辣的香腸非常相襯

4人份（當作前菜）

新鮮蠶豆清香的甜味，與這道簡單美味燉飯中辛辣的香腸非常相襯。

1公升蘑菇高湯或雞高湯，或是兩者混合的綜合高湯
1大匙橄欖油
50克調理用西班牙辣腸，切丁
50克奶油
2顆紅蔥頭，去皮後切成細末
200克燉飯用米
100毫升白酒
100克去殼蠶豆
50克帕瑪森起司，磨成粉末狀
鹽與現磨黑胡椒

將高湯倒入鍋內，放在距離相近、可隨時拿取的爐上，以中火加熱煮滾，轉小火燜煮。

在厚底鍋內以中火燒熱橄欖油，翻炒辣腸2至3分鐘，此階段還不需用到辣腸的顏色。用漏勺將辣腸從鍋中取出，放一旁瀝乾。

鍋內放入奶油和紅蔥頭，翻炒至食材軟化後，加入米，持續攪拌，讓米粒均勻裹上奶油和紅蔥頭，繼續炒1分鐘，此時倒入白酒繼續攪拌，直到酒汁被米完全吸收。添加滿滿一匙燜煮的高湯，不斷攪拌，每加一匙高湯前，要確保前一次加的高湯被米完整吸收，重複動作直到米軟化但米心仍帶有略硬的口感—這應該會花上約20分鐘。

完成後，把鍋子遠離爐火後加蓋靜置數分鐘。

最後，拌入蠶豆和帕瑪森起司，再放入辣腸，輕柔攪拌均勻。

如果燉飯仍然太硬，可以在盛盤享用前再加一點點高湯。

豌豆
富含澱粉與糖分，每個部位都可以吃

豌豆總是令我想起祖父，小時候，我經常與他一起坐在蓋有圍牆的庭院裡，剝著豆莢，採摘週日午餐要用的食材。我們家大概有十幾口人要吃飯，不過我們一整個上午摘好的豆子，通常都只夠四個人吃……然後，正在廚房裡做菜的我媽就抓狂了！

從新鮮的豌豆莢擠出豌豆時會跑出些許汁液，這些是天然的澱粉和糖分，也是豌豆新鮮的象徵—有時豌豆很快就流失這些汁液，因此可以經由冷凍過程保存下來。大部分的冷凍豌豆均是在冰塊之下冷凍2小時，這些是非常好的食材，只比生鮮採摘的略劣質一點，有很多廚師會選用這類豌豆。這種蔬菜唯一的缺點，在於一旦解凍之後，其外觀仍然看起來是冷凍豌豆，因此我多半只用來製作豌豆泥和濃湯。

一株豌豆能用的部分非常多，新鮮的豆苗可以用來做綠葉沙拉，豌豆本身更是用途多多，豆莢也有非常天然的甜味，可以製作美味的高湯，成為蔬菜濃湯的完美基底。這讓豌豆成為分享餐會的完美選擇。

挑選豌豆時，要找：

*** 豆莢年輕、堅挺、新鮮、翠綠—這些是豌豆有無甜味的指標。**

*** 避免挑到感覺有任何凹陷的豌豆。**

豌豆濃湯 —
一年四季都好喝

4人份（當作前菜）

利用少許重乳脂鮮奶油和一點薄荷提味，就是一道一年四季都能享用的豌豆濃湯。秘訣在於利用豌豆高湯烹煮豌豆。

1公升豌豆高湯（請見218頁）
100克奶油
1顆洋蔥，去皮後切片
1公斤豌豆（冷凍豌豆也可以）
125毫升重乳脂鮮奶油
3小枝薄荷，僅保留葉片部分
鹽和現磨黑胡椒

在大鍋中倒入高湯，加熱煮滾。

在第二個大鍋中以中火加熱熔化奶油，放入洋蔥拌炒直到軟化但不要變色。放入豌豆，攪拌均勻，翻炒3至4分鐘，然後倒入滾燙的高湯，再次煮滾後繼續烹煮豌豆，直到豌豆軟化為止。接著，倒入鮮奶油後離開爐火，用攪拌器或食物處理機連同薄荷葉一起攪打，最後過篩將濃湯倒入乾淨的鍋中，以鹽和胡椒調味即完成。

熱湯或冷湯皆宜。

豌豆培根沙拉—
甜豌豆與鹹培根實在絕配

4人份

在我的成長過程中，我父親經常做這道菜：以麵粉勾芡豌豆高湯，放入豌豆和培根，非常美味，至今我仍然喜愛甜豌豆與鹹味培根的搭配組合。這道料理很簡單，也沒什麼負擔，全年都可以隨時做來享用。

4人份
2大匙植物油
200克肥培根丁
1顆紅蔥頭，去皮後切成細末
100毫升奧黛特的招牌淋醬（請見217頁）
400克煮熟的豌豆（冷凍豌豆也可以）
2大匙馬鬱蘭葉
100克豌豆苗
鹽和現磨黑胡椒

以中火加熱平底鍋，倒入植物油後翻炒培根，直到培根呈現焦黃色。把火關小，放入紅蔥頭，翻炒2分鐘。鍋內食材均炒得差不多時就把鍋子拿開爐火，倒入淋醬，靜置放涼約3至4分鐘。

平底鍋中的拌料冷卻後，加入豌豆和馬鬱蘭葉，用鹽和胡椒調味後，把培根和所有豌豆拌料倒入大碗中，放一旁直到完全冷卻。

加入豆苗攪拌均勻後即可上桌。

布林的秘訣：如果豆苗非當季產物，可以使用水芥菜或綜合綠葉蔬菜。你也可以用水煮或炙烤頂級鮭魚加以搭配，成為更完整的一道菜。

羊排豌豆燉飯——超有飽足感的一餐

4人份

鹹香的帕馬森起司、甜豌豆和濃香的燉飯，上方再放一塊恰到好處、但仍保有多汁粉色內裡的羊排。即使不加羊排，這道菜也會是很棒的前菜。

羊排：
8塊100克重的羊排
1大匙植物油
鹽和現磨黑胡椒

燉飯：
1公升豌豆高湯（請見218頁）
50克奶油
2顆紅蔥頭，切細末
200克燉飯用米
100毫升白酒
50克帕瑪森起司，磨成粉末
200克豌豆，新鮮或冷凍的皆可
小把薄荷，僅保留葉片部分，切末

羊排用鹽和胡椒調味，在平底鍋中放入植物油燒熱。

放入羊排，兩面各煎2至3分鐘，直到表面有焦黃色，但內裡仍是粉色的狀態時起鍋，放一旁備用，包上鋁箔紙保溫。

將高湯倒入炒鍋內，放在距離相近、可隨時拿取的爐上，以中火加熱煮滾，轉小火燜煮。

以中火加熱厚底鍋中的奶油，放入紅蔥頭後翻炒直至軟化，加入米，攪拌均勻，讓米粒能沾附上奶油和紅蔥頭，持續翻炒1分鐘，此時倒入白酒繼續攪拌，直到酒汁被米完全吸收。添加滿滿一匙燜煮的高湯，不斷攪拌，每加一匙高湯前，要確保前一次加的高湯被米完全吸收，重複動作直到米軟化但米心仍帶有略硬口感—這應該會花上約20分鐘。

完成後，把鍋子遠離爐火後加蓋靜置數分鐘。

最後，拌入帕瑪森起司和豌豆，如果燉飯仍然太硬，可以在盛盤享用前再加一點點高湯。

可加入薄荷再輕輕攪拌均勻。

每人盤子上放兩塊切好的羊排，一旁擺上燉飯。

豌豆芭芭露亞—
冰涼翠綠的經典法式甜點

6人份

利用豌豆來做甜點再適合也不過了—冰涼、翠綠、甜香且帶有小碎豆渣的豌豆泥，加上誘人、香滑的卡士達醬一同攪拌。這做法可以使綿密的豌豆達到最美味的境界！如果你想品嚐這一道甜品，要前一天就開始準備。

250克豌豆
水，浸泡用
10克吉利丁片
2顆雞蛋，將蛋黃和蛋白分離
50克糖粉
200毫升牛奶
300毫升發泡奶油

先製作豌豆泥。在鍋中放入豌豆和糖，加水蓋過並以大火加熱煮滾，約4至5分鐘，直到豌豆熟成為止。烹煮豌豆期間，你可能需要添加更多水。

豌豆煮好後，利用濾鍋瀝乾，保留豌豆水，然後將豌豆倒入攪拌器或食物處理機，開始攪打豌豆，加些許豌豆水直到豆泥呈現滑順狀態。接著利用篩子，將豌豆泥倒入乾淨的碗中，靜置一旁放涼後，加蓋再移入冰箱冷藏，直到需要時再取出。

利用冷水浸泡吉利丁片。

在大碗中攪拌蛋黃和糖，直到蛋液變得濃稠滑順。

在厚底鍋中倒入牛奶，加熱煮滾後離開爐火，將熱牛奶倒入蛋黃拌料中，持續攪拌。最後將混合均勻的拌料倒回鍋中，以小火加熱，持續以木匙翻攪，直到卡士達醬變得濃稠、可完全沾附在湯匙上為止。此時將鍋子拿開爐火，放入瀝乾的吉利丁，持續攪拌直到吉利丁溶解，接著利用篩網過篩卡士達醬，倒入乾淨的碗中，加蓋靜置一旁放涼備用。

所有拌料完全冷卻後，添入冷豌豆泥，混合均勻，放置一旁。

在大碗中打發奶油，直到奶油出現鬆軟膨起，接著在另一個碗裡打發蛋白，直到蛋白也有鬆軟膨起的狀態為止。

慢慢將奶油拌入豌豆卡士達醬中，接著再拌入蛋白，直到所有拌料呈現滑順且呈現輕盈狀態為止，最後把拌料分在6個蛋糕模中，放入冰箱冷藏一夜。

準備享用時，把甜點倒扣在新盤子上即可。

四季豆

不必複雜烹飪，本身就已經很完美

我不會想用四季豆做太複雜的料理，因為它們本身就很完美了。四季豆是一種不太需要費心照顧、很容易種植的植物。如果家裡的戶外空間不大，幫這種豆子搭個竹棚，讓豆子的藤蔓攀爬，也是能收穫滿滿，根本是百利而無一害！在自家種的豆子，新鮮到每一口都是滿滿夏日的味道。

煮四季豆的時候，要特別注意豆子的口感；「不夠熟」和「熟過頭」只有一線之隔。煮得不夠久的話，咬下去的時候會聽到吱吱的摩擦聲；但如果煮太久的話，豆子會呈現灰灰的顏色。所以要像在煎牛排的時候，隨時注意鍋子，確保這些豆子煮到剛剛好的程度。

四季豆怎麼挑：

*** 應挑選清脆、結實、新鮮的豆子。**

四季豆榛果香煎大比目魚 ── 濃郁滑順的溫潤口感

4人份

榛果與四季豆很相襯，而且榛果本身的堅果油跟魚也很搭，所以這三種食材的組合，簡直完美到不行。將大比目魚煎到香酥、四季豆煮得脆嫩，再加上榛果，為這道菜增加爽脆的口感。濃郁、滑順的榛果油融合了整道菜，不必加入奶油，就能增添一抹溫潤的香氣。

4片各約160克的大比目魚片
2大匙蔬菜油
300克四季豆，洗淨，去除粗絲，直切成小段
300毫升蔬菜高湯
50克奶油
1顆檸檬的檸檬汁與檸檬皮
20克榛果，烘烤後切半
50克榛果油
鹽、現磨黑胡椒

大比目魚以鹽與胡椒調味。在一個大的平底鍋裡，用中火加熱蔬菜油。將魚下鍋煎約3至4分鐘後，翻面繼續煎2分鐘，或直到魚煎熟即可。

將處理好的四季豆，放進另外一個中等尺寸的湯鍋裡。加入蔬菜高湯、奶油，並以鹽與胡椒調味。用大火煮沸後，繼續熬煮約1至2分鐘，直到奶油與高湯完全融合、四季豆也煮熟了。完成時熄火，將檸檬皮刨入鍋中，加入檸檬汁與榛果。擱置在一旁保溫備用。

食用時，將四季豆與榛果盛入溫熱的盤子，再放上煎好的大比目魚，最後淋上榛果油即可。

四季豆野菇羊舌沙拉—
誰都會喜歡的質樸佳餚

4人份

野生菌菇和四季豆真的很對味，或許是因為生長的季節很接近吧。其中一個產季剛要結束，而另一個才正要開始。四季豆的清脆口感，搭配雞油菌的濃郁、滑嫩，再加上煎得酥脆的羊舌與酸酸的沙拉醬…這種質樸的佳餚，誰不愛呢？

8塊羊舌
1小顆洋蔥，去皮，切丁
1小條紅蘿蔔，去皮，切丁
1枝百里香
300克四季豆，洗淨，去除粗絲，直切成小段
50克奶油
100克雞油菌，用刷子清理
100克紅酒醋沙拉醬（請參考216頁）
50毫升蔬菜油
鹽、現磨黑胡椒

用冷水將羊舌洗乾淨。將羊舌放入一個大湯鍋中，加入洋蔥、紅蘿蔔和百里香，加水蓋過食材。以小火熬煮2小時，直到羊舌變得軟嫩即可。過程中可能需要持續加入一些冷水。

完成後，將羊舌取出。趁羊舌還溫熱時，用小刀將表皮與軟骨去除。放涼後放入冰箱徹底冰鎮。冰鎮過後，將羊舌縱切備用。

四季豆倒入加了鹽的滾水中，氽燙30秒。接著，立刻將四季豆浸泡冰水中，這樣能避免四季豆變老，也能保留其顏色。冷卻之後，將水倒掉並用濾水網濾乾水分備用。

在一個厚平底鍋中，用中火將奶油加熱。奶油加熱至稍微冒泡之後，加入雞油菌並煎至稍微上色。煎的時候不要搖動平底鍋，否則菌菇類會釋出過多水分，使整道料理過於濕潤。接著加入氽燙過的四季豆，以鹽、胡椒調味後，加入紅酒醋沙拉醬。完成後熄火，保溫備用。

取另一個平底鍋，以中火加熱後，倒入蔬菜油。將冰鎮過後的羊舌放入鍋中，煎到每一面呈現金褐色。

盛盤時，用漏勺取出四季豆與雞油菌，分散在溫熱的盤子上。放上酥脆的羊舌，再淋上鍋子裡剩餘的溫熱醬汁即可。

甜玉米

新大陸賜予我們最美好的蔬果大禮

甜玉米是最能代表美國的作物，也是新大陸賜予我們最美好的蔬果大禮，香甜又多汁，吃烤肉時，誰不愛配一根抹上新鮮奶油的甜玉米呢？甜玉米也是中式湯品裡的中流砥柱。在美國許多州，青豆煮玉米這道菜，可是感恩節的必備佳餚。想到金黃的玉米粒，就會想到夏末裡懶洋洋的日子。當然，也會想到去電影院必點的爆米花。

你可以找找看標榜「自己動手採摘蔬果」的農場；當晚回到家，吃著自己當天摘的甜玉米，一定能品嚐出箇中差異。所有蔬果都一樣，離採收的時間越近，煮出來的菜就越好吃。

甜玉米怎麼挑：

*** 包著玉米的綠色外皮應該要柔軟、不要太乾。**

*** 玉米粒外觀飽滿、水分含量多。**

甜玉米濃湯 ——
來點微辣的蟹肉正好可以提味

4人份

光看名字就知道，「甜玉米」就是甜的。因此，你需要用別的味道來平衡。所以，在湯裡放一些微辣且加了萊姆的蟹肉，更能為這道濃郁的湯提味。

螃蟹佐料：
100克白蟹肉
1大匙烘烤過的松子
1條紅辣椒，去籽，切碎
少許萊姆汁

濃湯：
4根玉米，去除外皮與鬚根
1公升水
150克奶油
1顆洋蔥，切碎末
1瓣大蒜，拍碎
鹽、現磨黑胡椒

將螃蟹佐料的所有食材放入一個小碗中，輕輕拌勻備用。

在切菜板上將玉米直立，盡可能地貼近玉米芯，由上往下將玉米粒切下來備用。將剩下來的玉米芯切半，放入中等大小的湯鍋中，加水煮沸後繼續熬煮20分鐘。完成後，將湯汁過篩，倒入一個壺裡備用。這樣就有一壺簡單、美味的甜玉米高湯囉。

在另一個湯鍋裡加入奶油，用中火熔化奶油後，加入洋蔥、大蒜煮到食材變軟。最後加入甜玉米粒，並以鹽與胡椒調味。煮約2至3分鐘後，加入甜玉米高湯。煮沸以後，繼續熬煮約8至10分鐘，直到玉米粒變軟。熄火後，用電動攪拌棒或倒入果汁機或食物調理機，攪打成滑潤的湯汁。如果你是用食物調理機攪拌，要先讓湯稍微冷卻再攪打。

濃湯用細網過篩倒入碗中，以螃蟹佐料裝飾後即可。

甜玉米酸豆鯛魚佐松子醬 ——
優雅的法式溫野菜

4人份

油煎鯛魚配上酸甜、果仁味濃郁的醬汁，再以焦香奶油提味。一道優雅的法式溫野菜料理。

醬汁：
30克小葡萄乾
200克無鹽奶油
30克松子
半顆檸檬的汁
100克煮熟的甜玉米粒
2至3小匙酸豆
1茶匙百里香葉

鯛魚：
1大匙蔬菜油
4片鯛魚片，保留魚皮
鹽、現磨黑胡椒

小葡萄乾泡熱水2小時，濾乾後備用。

在一個大湯鍋裡放入奶油，以中火加熱至冒泡，繼續煮到稍微上色、散發出果仁般的香氣。加入松子，繼續煮到奶油呈現金褐色即可。熄火後，依序拌入檸檬汁、甜玉米粒、泡過的小葡萄乾、酸豆與百里香，保溫備用。

蔬菜油在一個厚平底鍋中，以中火加熱。鯛魚片以鹽與胡椒調味後，有魚皮面朝下放入平底鍋。煎5至6分鐘後，翻面繼續煎約1分鐘。

盛盤時，將甜玉米醬汁均分於4個溫熱的盤子中，再擺上煎好的鯛魚片即可。

紅燒甜玉米野鴿——最極致的野味料理

4人份

這是最極致的季節料理之一，做法也是最自然的搭配。野鴿本身會吃甜玉米，而我們享用這道烤野鴿時，會以甜玉米為佐料搭配。野味十足的肉品，與鹹香培根、香甜蔬菜結合而成的經典料理。

4隻野鴿，去頭全鴿
2大匙蔬菜油
20顆迷你洋蔥，去皮
1條紅蘿蔔，削皮，切成條狀
2條煙燻培根，切丁
500毫升雞高湯
100克煮熟的甜玉米粒
50克奶油
鹽、現磨黑胡椒

野鴿以適量的鹽與胡椒先調味。將能放進烤箱的大尺寸、厚平底鍋用中火加熱。加熱後，加入1大匙蔬菜油。將野鴿放入鍋中，煎至表面均勻上色。千萬不要急，慢慢來能確保味道更濃郁、顏色也更漂亮。完成後，將平底鍋放入烤箱烤10至12分鐘。將平底鍋從烤箱取出後，將野鴿取出、用錫箔紙蓋住，靜置10至15分鐘。

在加了鹽的滾水中，分別汆燙迷你洋蔥與紅蘿蔔條，汆燙後，放入冰水冰鎮。冰鎮後將食材過濾、取出，並用廚房紙巾擦乾備用。

在另一個平底鍋中，以中火加熱剩餘的蔬菜油，放入培根，煎至金黃酥脆。加入迷你洋蔥，繼續煮約2分鐘。加入高湯後煮沸。甜玉米、紅蘿蔔放入後熬煮5分鐘。接著，加入奶油、拌勻，並依個人口味，以鹽與胡椒調味後，立即熄火。

盛盤時，可以選擇將肉從骨頭上剝下來。甜玉米與培根等食材倒入一個大碗，或個人的碗中，再放上野鴿即可。

LITTLE
WHITE
HART

爆米花義式奶酪—
就像是大人版的跳跳糖

4人份

大家都愛爆米花。我們在發明這道甜點的時候，試了各種做法。先是試著將甜玉米打成泥狀，但是成品的口感比較像濃厚的牛奶凍；之後我們想到可以把爆米花打成「爆米花粉」，結果就成功了。這根本就是大人版的跳跳糖！

爆米花：
120毫升橄欖油
60克糖粉
50克爆米花用玉米

義式奶酪：
3片吉利丁
550毫升鮮奶油
100毫升牛奶
100克砂糖

3小撮海鹽

烤箱預熱至攝氏110度。

用中火加熱一個厚平底鍋。加入橄欖油與糖粉，煮到呈現淡金色的焦糖。要小心，隨時注意鍋子！變成焦糖以後，將用來做爆米花的玉米粒拌入。

當玉米粒開始爆開的時候，蓋上鍋蓋繼續煮約3至5分鐘，直到玉米粒全變成爆米花。完成後倒入烤盤，灑上海鹽，放進烤箱烤5分鐘使水分蒸發。烘烤完，留一小把爆米花當裝飾，剩下的爆米花用果汁機或食物調理機，攪打成粉末備用。

吉利丁泡冷水後，放在一旁等到吉利丁變軟。鮮奶油、牛奶和砂糖倒入一個大湯鍋，煮沸後熄火，拌入爆米花粉。放置在溫暖的地方大約40分鐘，讓爆米花的風味能與液體徹底融合。

湯鍋放回爐火上，再次煮沸。拌入吉利丁片溶出的軟化膠質，持續攪拌直到完全溶入。完成後，過篩倒入乾淨的湯鍋中，再倒入4個玻璃容器裡，放涼後移到冰箱冷藏1至2小時。

食用時，將義式奶酪倒放在單獨的盤子上，以備用的爆米花做裝飾即可。

馬鈴薯

最受歡迎的食材，種類多樣且外貌各異其趣

除了水果以外，種類多樣且外觀差異極大的就只有馬鈴薯了；你能找到如玫瑰紅色外皮、耐寒的圓形紅皮馬鈴薯（註1），其口感滑順、細膩；或蓬鬆、高澱粉的愛德華國王馬鈴薯（註2）與梅莉絲吹笛手馬鈴薯（註3），這兩種都很適合烤來吃；或質地光滑、口感富有嚼勁的夏洛特馬鈴薯（註4），很適合拿來做沙拉；或鮮甜、總是令人期待的澤西皇家馬鈴薯（註5）；以及形狀瘦長、表面凹凸不平但味道豐富的法國手指薯（註6）……實在太多選擇了，而且每一種馬鈴薯都有其獨特的味道、口感與用途。

身為餐廳廚師，我們在意的是能否給客人提供一貫的品質。因此，我們會向同一個值得信賴的供應商訂購所有的馬鈴薯。馬鈴薯必須儲放在涼爽的環境，否則煮之前，它們的澱粉質就會滲出來。最好也將它們儲放在陰暗的空間。因此，在我們眼裡，馬鈴薯跟羊肉和魚肉一樣，都必須謹慎地存放，給予它們應得的尊重、妥善處理。

以下幾種食譜，都是使用不同種類的馬鈴薯，我們餐廳會很講究這件事，依照不同的料理，挑選適合的馬鈴薯，但如果你想找個適合大多數料理的品種，我通常會選用紅皮馬鈴薯，它從未讓我失望過。

馬鈴薯怎麼挑：

- 紮實、沒有或很少碰撞痕跡；絕對不要買看起來快發芽的馬鈴薯。
- 顏色漂亮、表皮沒有綠色的部分。

（註1）圓形紅皮馬鈴薯Desirée，1962年荷蘭的育種，這個品種十分強健，耐旱、耐寒、耐病蟲害，很好保存，風味也很甘美，廣受歡迎。

（註2）愛德華國王馬鈴薯 King Edward，歐洲最古老的馬鈴薯品種之一，1902 年，愛德華七世加冕，同年英國從歐陸大量引進該品種馬鈴薯，因此以國王之名賜名當作紀念，是一種經濟價值很高的食材，表皮有白色和粉紅色兩種。

（註3）梅莉絲吹笛手馬鈴薯Maris Piper，1936年英國的育種，在其他國家比較少見，表皮是黃色的，質地較蓬鬆，最適合用來炸薯條。

（註4）夏洛特馬鈴薯Charlotte，1981年法國的育種，質地較緊實而有黏性，類似蠟的質感，多為較長的橢圓形，表皮是黃色的。

（註5）澤西皇家馬鈴薯 Jersey Royal，澤西是一個小島，位於法國外海，卻為英國屬地，從19世紀開始就盛產這款馬鈴薯，99%的產量均出口至英國，這款馬鈴薯外皮較薄，呈褐色，整體造型很像腎臟。

（註6）法國手指薯Ratte，原產地為法國和丹麥，體積較小，體型略細長，表皮是黃色的，質地較黏，味道有點類似榛子和栗子等堅果類食材。

馬鈴薯沙拉佐辣根美奶滋——
帶有現代結構主義的一道菜

4人份

我在研發這款馬鈴薯沙拉的時候，想要來點不一樣的——我想要能夠嚐到馬鈴薯，並看到馬鈴薯本身不同的味道、色澤與口感，而不是用美乃滋淹沒它們。結果就變成這樣——要我自己形容的話，這大概是個帶有現代結構主義的一道菜吧。

6顆夏洛特馬鈴薯
50毫升橄欖油
6顆粉紅杉馬鈴薯（註）
200克美乃滋（請見77頁香草美乃滋做法，但省去香草的部分）
50克辣根，磨成泥
100克綜合綠葉沙拉
鹽、現磨黑胡椒

在一個湯鍋中，將夏洛特馬鈴薯放入加了鹽的冷水中。水煮沸以後，將火轉小繼續熬煮約15至20分鐘。完成後將水瀝乾。馬鈴薯剝皮，切成四等分。以鹽與胡椒調味，再淋上一半的橄欖油，保溫備用。

粉紅杉馬鈴薯切成1公分寬的片狀，放入加了鹽的滾水中約5分鐘，或煮到變軟即可。將水瀝乾以後，以鹽與胡椒調味，再淋上剩餘的橄欖油，保溫備用。

在一個碗中，將美乃滋與辣根泥拌勻。

盛盤時，將一大匙的辣根美乃滋抹在盤子上。放上兩種馬鈴薯，再撒上綠葉沙拉。

布林的秘訣：想來點變化的話，可以試試一個類似我們餐廳裡炸魚薯條的「鹽與醋」口味；只要油炸一小把酸豆，再把它們撒在馬鈴薯上即可：先在油炸鍋裡，將一點蔬菜油加熱到攝氏180度。把一些酸豆瀝乾、用餐巾紙擦乾，放進油裡油炸（最好站遠一點，它們很容易爆油）。油炸到酸豆變成金褐色、盛開的小花，大概只需要30秒就夠了。熄火後將酸豆從油裡取出來，並在餐巾紙上瀝油。（如果你很怕油炸東西，不必加這些酸豆，但它們真的很美味，也能為這道菜添加一點鹹鹹、脆脆的口感。）

（註）粉紅杉馬鈴薯 Pink Fir，原產地為法國，1850 年開始大量引進英國，表皮是粉紅色的，外型較長且呈現結狀，果肉是白色的，通常較適合用以蒸、煮。

水波蛋佐荷蘭醬配薯餅——奧黛特餐廳餐廳最受歡迎的週末早午餐

4人份

在我們奧黛特餐廳，不論是素食還是葷食的客人，都很愛點這道週日早午餐料理。小餐館裡不起眼的商品，因為加了自製的荷蘭醬與水波蛋，感覺變得更高級了一點。說實話，不論是早餐、早午餐，還是坐在電視機前吃晚餐，都很適合吃這道菜。

薯餅：
2顆紅蔥頭，去皮，切碎
1大匙百里香葉
150毫升橄欖油
2大顆圓形紅皮馬鈴薯，清洗過，不削皮
100克熔化奶油
1至2把岩鹽，用來鋪在烤盤上
鹽、現磨黑胡椒

1份荷蘭醬 （做法請參考63頁，省去野生大蒜）

水波蛋：
4顆雞蛋
1大匙醋
1小匙鹽

烤箱預熱至攝氏180度。

在一個平底鍋裡加入紅蔥頭與百里香葉，加入足以剛好蓋過料的橄欖油。以小火燉煮紅蔥頭約20分鐘，直到煮熟（過程中都不要讓油滾）即可。這基本上就是油封紅蔥頭，目的是讓紅蔥頭保持形狀完整，但是味道變得鮮甜。完成後將鍋子從火源移開，保溫備用。

用岩鹽撲滿烤盤，最多不超過2公分厚。將馬鈴薯放在鹽上（這樣能引出馬鈴薯裡的水分），放進烤箱烤約30分鐘。完成後，從烤箱取出馬鈴薯放涼，再將馬鈴薯剝皮。接著，在一個碗裡，將馬鈴薯刨成粗絲。用一隻漏勺將紅蔥頭瀝油、撈入碗中，以鹽與胡椒調味。加入熔化奶油拌勻備用。

製作63頁的荷蘭醬，但不要加入野生大蒜。做完放到一旁備用，準備製作水波蛋。

依照85頁的步驟製作水波蛋。

最後就剩煎薯餅了。在一個平底鍋裡，以中火加熱1、2大匙的橄欖油。油熱後加入馬鈴薯備料，用鍋鏟擠壓成約2公分厚的薯餅。轉小火繼續煎4到5分鐘，或煎至呈現金褐色。翻面後繼續煎4到5分鐘。完成後將薯餅從平底鍋中取出，用餐巾紙瀝乾。

盛盤時，薯餅切成4等份，放到個別的盤子上。水波蛋放在薯餅上，再淋上荷蘭醬即可。

水煮馬鈴薯番茄橄欖佐油煎鱒魚──我們用這道菜宣布「夏天到了！」

4人份

對我而言，這道菜像是在宣布夏天到了。新長出來的馬鈴薯葉剛從土裡冒出頭，番茄熟得像紅寶石，而海鱒也洄遊了。所以我們，只是將這個季節贈予的禮物結合起來，變成一道美麗、清淡的午餐或晚飯。

4顆紅番茄
50毫升橄欖油，另外多準備一些當作淋醬
1/2瓣大蒜，切末
1大匙紅蔥頭，切碎
1大匙香料番茄甜酸醬（請見217頁）
4顆綠橄欖，去核，切半
4片羅勒葉
400克澤西皇家或夏洛特馬鈴薯，洗淨，不削皮
4片各150克海鱒，去骨，不去皮
鹽、現磨黑胡椒

在加了鹽的滾水中，汆燙番茄10秒後，取出番茄放入冰水中。番茄冷卻後剝皮，切半後挖掉番茄籽。番茄切丁，約5公釐大小。

橄欖油、大蒜、紅蔥頭和香料番茄甜酸醬加入鍋中，小火加熱，但不要煮沸。加入橄欖、切丁的番茄、羅勒葉，並以鹽與胡椒調味後保溫備用。

馬鈴薯倒入一鍋加了鹽的冷水中，水煮沸後轉小火熬煮約15至20分鐘，或煮到馬鈴薯變軟即可。完成後將水瀝乾，倒回乾鍋裡以小火將水分煮乾。水分煮乾後，用叉子的背面將馬鈴薯大略地壓碎。以鹽與胡椒調味後，加入橄欖油混和均勻，保溫備用。

用一把利刀刮除鱒魚的魚鱗。魚肉用鹽與胡椒調味。魚皮朝下放入平底鍋，以中火煎，淋上一點橄欖油，煎約4至5分鐘。魚皮煎至酥脆後熄火，再將魚翻面，用鍋中餘溫將魚肉煮熟即可。

盛盤時，壓碎的馬鈴薯堆在盤子中間。將鱒魚放在馬鈴薯上，再淋上番茄與橄欖油的淋醬即可。

LITTLE
WHITE
HART

溫馬鈴薯沙拉佐松露與波爾文乳酪 — 滑順溫熱又彈牙的絕妙搭配

4-6人份

波爾文（Perl Wen）是一款來自英國威爾斯的乳酪，它有一層外皮，乳酪的口感滑順、且帶有一絲檸檬香氣。這款乳酪與濃郁的松露，以及溫熱、彈牙的夏洛特馬鈴薯是絕妙的搭配。這道菜需要提前2至3天準備。

1塊小圓型波爾文乳酪
3顆黑松露
12顆夏洛特馬鈴薯
100毫升紅酒醋沙拉醬（請參考216頁）
50克綜合綠葉沙拉
1把韭菜，切碎
鹽、現磨黑胡椒

用一把細長的刀，將乳酪水平對切成兩半。松露切成薄片，越薄越好，再以鹽與胡椒調味。松露片均勻鋪在乳酪的下半部上，再將乳酪的上半部蓋在松露層上。將整塊含松露的乳酪，包回原本的紙裡，放進冰箱冷藏2到3天。

記得在盛盤前至少一小時將乳酪從冰箱取出。

夏洛特馬鈴薯放入一鍋加了鹽的冷水中。水煮沸後，繼續熬煮15至20分鐘，直到馬鈴薯變軟即可。完成後將水瀝乾，馬鈴薯剝皮。接著將馬鈴薯切成適口大小，以鹽與胡椒調味。趁馬鈴薯溫熱時，淋上50毫升的紅酒醋沙拉醬備用。

盛盤時，綠葉沙拉放入一個碗中，用剩下的紅就醋沙拉醬調味。韭菜加進溫熱的馬鈴薯裡。將乳酪切片、排在盤子上，一旁擺上溫馬鈴薯與綠葉沙拉。

番茄
營養價值極高的紅寶石，全世界共有7,500多個品種

我在這本書中提到不少蔬菜擁有各種種類，但番茄完全就是另一個等級了。世界上大概有7,500多種番茄吧。不只如此，我也很愛復古或純種番茄（註1），它們通常比市售的配種番茄還要甜。這麼多種番茄，有時會讓人有些不知所措，但各種番茄在廚房裡各司其職：牛番茄（註2）或比較小一點的牛心番茄（註3）很適合切片；聖女小番茄最適合拿來做義式番茄泥或番茄糊；只要沾一點海鹽，鮮甜的黃色或紅色聖女番茄，拿來當開胃菜最棒了。番茄也是園丁的好朋友，因為混和栽種時，番茄能幫助其它植物生長。試著將番茄種在紅蘿蔔旁，它們真的會有互助的作用。

番茄是少數適合做成罐頭的蔬菜。廚房裡放幾罐熟番茄罐頭，真的非常方便。

無論是種植或料理番茄，它唯一需要的就是溫暖的環境。沒有比剛從冰箱裡拿出一顆口感變得粉粉的番茄更可怕的事了。所以，盡量不要將剛從冰箱拿出來的番茄直接拿來料理！不過，若能咬一口剛從番茄藤上摘下來、被太陽曬得暖烘烘的番茄，可謂人生一大樂事啊。

番茄怎麼挑：
*** 重量沉沉的。**
*** 聞聞看綠梗處，應該能聞到香氣逼人的番茄味。**
*** 色澤亮、顏色深、形狀飽滿。**

（註1）純種番茄heirloom tomato，也就是原生種番茄，未經雜交育種、農藥或是基因改良，所以形狀和顏色也都大不相同。
（註2）牛番茄 beefsteak　tomato，原產地為荷蘭，富含茄紅素，體積較大但質地比一般番茄細緻，因歐美習慣用這款番茄與牛肉一起燉煮，因而得名。
（註3）牛心番茄 ox-heart　tomato，20 世紀初美國的育種，是目前世界上體積最大的一種番茄，果肉呈鮮紅色，味道不酸偏甜，雖然風味極佳，但因其巨大體積、易壞損、不易保存等原因，目前並未廣泛種植，在歐美比較常見。

番茄冷湯—
來自西班牙伊維薩島超級好喝的湯

4人份

我第一次喝到這種湯，是我17、18歲跟朋友一起去西班牙伊維薩島的時候。喝到的當下我完全著迷。但朋友們一直笑我，說我一個創意無限的未來大廚，怎麼會沒事點個冷番茄湯來喝！我才不管他們，這個湯「超級」好喝。這道湯需要提前一天先準備。

3顆紅甜椒，去皮，去籽，切碎
3條小黃瓜，削皮，去籽，切碎
16顆成熟番茄，切半，去籽
1公升番茄糊
4瓣大蒜，去皮
3顆紅蔥頭，去皮，切片
1小撮芹鹽
15毫升橄欖油
100毫升白酒醋
1小匙烘烤過的芫荽籽

裝飾用：
1大匙黑橄欖，去核
1大匙新鮮羅勒葉（撕碎）

除了裝飾要用的橄欖與羅勒葉，將所有材料放入一個大碗中拌勻。將碗蓋好後，放進冰箱冰24小時。

食用前，將所有碗中的材料倒進食物調理機或果汁機攪拌成湯，再用細網過篩。這道湯最好保持「非常」冷的狀態，最後用橄欖與羅勒葉裝飾即可。

沙丁魚番茄塔——最適合野餐的料理

4-6人份

記得小時候去野餐的時光，我們總是會吃沙丁魚三明治，還有一盤盤切好的番茄，沾一點鹽就可以啃半天。這道其實只是比較「厚工」一點的版本；加了一點甜甜的紅蔥頭、百里香和酥脆的千層酥皮。

200克酥皮，超市買的也可以
少許麵粉，防沾用
100毫升橄欖油，多準備一些，用來刷在塔上
3顆紅蔥頭，去皮，切片
2枝百里香，只需要葉子
30到40顆成熟的聖女番茄，切半
12顆黑橄欖，去核，切4等份
4尾新鮮沙丁魚，切開攤平（或8尾新鮮去骨沙丁魚）
半顆檸檬的汁
1把羅勒葉
鹽、現磨黑胡椒

在工作台上灑上一點麵粉，將酥皮擀成3公釐的厚度，完成後切出4個直徑15公分的圓形。圓邊往內1公分處，用刀子在酥皮上劃出一個內圓，但不要切到底，酥皮烤過後會膨脹起來，形成一圈外皮。用叉子在內圓表面插出幾個小洞。將酥皮移到鋪了烘培紙的烤盤上，放進冰箱冷藏至少2小時。

在平底鍋裡以中火加熱橄欖油，加入紅蔥頭與百里香葉。煎大約8分鐘，直到紅蔥頭變軟即可，但不要讓紅蔥頭上色。以鹽與胡椒調味。熄火後放在一旁冷卻備用。

烤箱預熱至攝氏190度。烤箱裡放入烤盤加熱。

從冰箱裡拿出圓形酥皮。內圓裡鋪上一層煎過的紅蔥頭，上面鋪上番茄，全部扎實地排好。確認所有的食材都在內圓上，沒有壓到邊緣的酥皮，否則烤的時候邊緣的酥皮不會膨脹、無法防止番茄汁流出來。

番茄與酥皮邊抹上一點橄欖油，並以鹽與胡椒調味。小心地將酥皮們，連同烘培紙放上先前預熱好的烤盤上，放進烤箱烤12分鐘。

完成後從烤箱取出酥皮塔，並在塔上灑些橄欖，保溫備用。

預熱烤肉架後，在一個烤盤上抹油並用適量的鹽與胡椒調味後，放上沙丁魚（魚肉朝下）。在烤肉架上烤約2至3分鐘到魚熟了即可。取出後幾些檸檬汁上去。盛盤時，將1尾攤開的沙丁魚，或2尾去骨沙丁魚，放在一個塔上，最後撒上一些羅勒葉即可。

番茄清湯水煮鮭魚——清淡、美味又漂亮

4人份

這道菜有點複雜，也需要花一點時間才能搞定，因為我們要做出非常清澈的番茄清湯，但是花的時間絕對是值得的。這道菜味道清淡、美味，而且盛在盤子上看起來也很漂亮。這道菜需要前一天先準備。

清湯：

20顆成熟番茄，去籽、切塊
2瓣大蒜，去皮
2根芹菜
適量芹鹽
適量白胡椒
1小把茴芹葉，留一些做最後裝飾
1小把羅勒葉，留一些做最後裝飾

鮭魚：

4塊各100克無刺鮭魚塊
6顆黑橄欖，去核，切半
50克煮熟青豆
1顆番茄（參考144頁方法去皮，去籽，切碎）
少許橄欖油
鹽、現磨黑胡椒

先製作番茄清湯。將所有食材放入一個大碗，用芹鹽與白胡椒依個人口味調味。完成後將食材全部倒入果汁機或食物調理機大略攪拌，不要完全打成泥狀。完成後，再倒回大碗中，放到冰箱裡冷藏3至4小時。冷藏過後倒入鋪了一層紗布的濾水網裡，濾網下放一個大碗盆。倒入後將紗布往中心摺疊、蓋住番茄料，再用一個有一點重量的物品壓在上面，協助擠出番茄汁。連同重物，放入冰箱隔夜冷藏。

將重物、紗布、濾網移開，丟掉過濾出來的番茄渣，將所有濾出來的番茄汁倒入一個湯鍋。

鮭魚用鹽與胡椒調味後放入蒸籠，蒸5至6分鐘，蒸到鮭魚剛好熟的程度即可。取出後，放在一個盛菜用的碗中。

番茄清湯在一個湯鍋中慢慢加熱到稍微煮滾，但不要讓湯煮沸。加熱後，將番茄清湯倒在鮭魚上。鮭魚旁擺上橄欖、青豆和切碎的番茄。撒上茴芹與羅勒葉後，再淋上幾滴橄欖油即可。

綠番茄甜酸醬乳酪——這完全是夏天的氣息

製作大約1公升的份量

拿番茄做甜點有點困難，所以我們想到可以做一道乳酪料理，讓番茄配上一點易碎的卡爾菲利乾酪（註1）。這個甜酸醬裡用的綠番茄，其實是一種番茄品種（但我也有用過未熟成的番茄來製作這個醬，也是成功了）。我很愛綠番茄的香氣——那是夏天的氣息。
你也可以用這個甜酸醬搭配冷盤肉和沙拉，當作一頓清淡的午餐或晚餐。

2顆洋蔥，切碎末
6大條綠色櫛瓜，去頭尾、刨成絲
50克嫩薑，磨成泥
600克砂糖
1大匙多香果粉（註2）
1公升蘋果醋
2公斤綠番茄，去籽、切碎

卡爾菲利乾酪，搭配食用

將所有食材除了番茄，放進一個大的厚平底鍋中，用中火加熱到煮滾。火調小後，繼續燉煮到食材呈現果醬般的濃稠狀，過程中偶爾攪拌、防止黏鍋。

加入番茄後繼續熬煮20分鐘。熄火後將甜酸醬，用湯勺裝入乾淨的玻璃罐中。請先按照220頁的方式，幫玻璃罐殺菌。在玻璃罐上貼上製造日期。甜酸醬一般可冷藏6個月。

（註1）卡爾菲利乾酪 Welsh Caerphilly，英國威爾斯特產之一，形狀像石磨，有一層很薄的外殼，整體呈奶白色，潮濕易碎，製作時會放在鹽水中浸24小時，因此鹹味極重。
（註2）多香果allspice，又名眾香子、牙買加胡椒，產於美洲熱帶地區。乾燥未成熟的果實與葉子可當作香料，其果實含有類似丁香、胡椒、肉桂、肉荳蔻等多種香料的味道，所以被稱為多香果。

水果

水果

好，我知道……這本書理論上應該都是跟蔬菜有關的內容，但我總覺得還是應該加入一章，特別講一下水果（而且嚴格說來，大黃其實是蔬菜，番茄其實算是水果）。果園與它們的果樹，跟我們的鄉村風景、傳統特色，以及我們的食物息息相關。無論你在哪裡讀到這本書：拜託，請盡量購買當地種植的品種。我們的地方果園都在漸漸消失當中。

從小在英國登比郡長大，水果一直是我生活中重要的一部分；我們家附近有棵長得歪七扭八的蘋果樹，我們常去偷摘蘋果來打蘋果仗；奶奶也會用當地種的李子做各種奶酥或派；還有梨子，我們跟老爸和叔叔去打獵的時候，或會切幾片生吃、配著美味的卡爾菲利乾酪一起吃下肚。只要是在農場上，或在農場附近長大的人都會懂，早在聽到有「每日5蔬果」這種說法之前，我們每天光是吃當令水果就超過這標準了呢。

除了從小吃到大的水果，我最喜愛且無論是在餐廳，或家中廚房都必備的兩樣水果，其中之一絕對是美妙、多汁又美麗的櫻桃；另一個則是，雖然不是英國原生的水果，卻是廚房中不可或缺的檸檬。我無法想像一個沒有檸檬的廚房。很多菜沒有加一點檸檬，就會顯得單調、乏味。這酸酸的水果，與它略為苦澀的外皮，雖來自世界的另一個角落，但在主流的英式料理中，已經成為難以取代的食材。實在太棒了！

對待水果就跟對待蔬菜一樣，要對它們表示尊重。為了種出你手上那顆蘋果、梨子還是櫻桃，可是花了很多力氣的。從播種到整理果園，平均得花3到10年才能開花結果。下次當你享用那顆新鮮可口的蘋果，或燉煮些西洋梨的時候，不妨花點時間想想這一點吧。

慢慢來，謹慎挑選你要吃的蔬果，並且享受這些大自然的恩惠吧。

大黃
在東方被當作藥材，在歐洲則是最像蔬菜的水果

要把大黃變甜，其實需要加很多糖。一旦柔和了大黃的酸味，像是做成奶酥或奶酪的時候，就成了英式甜點的經典食材。所以，當我們把大黃當作第二次分享餐會的食材之一時，前三道菜花了我最多精力。大黃本身的酸味，能平衡油膩的食材，例如我們這個章節裡會使用到的鯖魚和鴨肉。大黃也能為一道菜增添一點鮮豔的色彩。

可以的話，我盡量都會選用催熟的大黃。催熟的大黃，味道比較好、也比較不澀。鮮嫩、亮粉紅色的莖，透過催熟栽種，品質也比較穩定。果農通常會將大黃的根莖先種在戶外3年，確保根部長得健壯，再將大黃移進陰暗的果棚裡。（在果棚裡，你可以聽見植物為了取得光源，在長大的時候發出的喀嚓聲。）大黃是很耐寒的植物——它們原本生長在中國與西伯利亞地區——因此英國的氣候對它們而言非常適合！在19世紀，全世界百分之90的催熟大黃，產自西約克夏，被人稱為「大黃三角區」。因此，不難想像，大黃為何會成為英國人最愛的食材之一。

大黃怎麼挑：

*** 厚實、顏色鮮豔的莖。**

*** 盡量挑選鮮脆、折的時候會滲出汁液的莖，避免選到軟掉、黏滑的。**

大黃甜菜根佐山羊乳酪醬沙拉——帶有微酸口感的開胃聖品

4人份

這道菜裡，我用了亮粉紅色的大黃，加了一點甜味的微酸口感，能為滑順的乳酪解一點膩，做出一道簡單卻無比美味的前菜。

2顆金色甜菜根，去頭尾
200克大黃莖（最好是催熟的大黃，去頭尾、切成2公分寬）
1顆柳橙的汁
4顆黑胡椒顆粒
1枝百里香
100克糖
250毫升橄欖油
200克軟山羊乳酪
100毫升鮮奶油
50克法式酸奶油
1把芝麻菜
鹽、現磨黑胡椒

烤箱預熱至攝氏160度。將甜菜根分別用鋁箔紙包起來，放在烤盤上，再放進烤箱烤2小時。

取出甜菜根的前20分鐘，將大黃、柳橙汁、胡椒粒、百里香和糖放入另一個烤盤中，放入烤箱烤10到15分鐘，或烤到大黃變軟即可。完成後，將烤盤裡的湯汁倒入一個碗中，加入橄欖油，快速拌勻作成沙拉醬。

甜菜根烤好之後，從烤箱取出。繼續用鋁箔紙包著，放在一旁冷卻。甜菜根會在鋁箔紙內繼續蒸煮，之後比較容易剝皮。冷卻後，將甜菜根去皮，切成8塊，並用鹽調味備用。

山羊乳酪倒入有攪拌棒的食物調理機（如果你是用手持攪拌器，就將山羊乳酪倒入一個大碗），攪拌2分鐘。加入鮮奶油與法式酸奶油，再繼續攪拌到食材打發、質地變得滑順即可。

盛盤時，將大黃與甜菜根散落在一個大盤子上，用湯匙將山羊乳酪抹在盤子上，撒上芝麻菜，再淋上沙拉醬即可。

香料大黃佐鯖魚—
富含OMEGA 3脂肪酸與維他命C
的健康料理

4人份

鯖魚和大黃都和香料很搭。其實，這兩種食材跟彼此也很搭；大黃的酸度，能解魚肉的油膩感。這也是一道富含Omega 3脂肪酸與維他命C的健康料理。

2大匙蔬菜油
4片鯖魚片
4根大黃莖，切成2公分寬
1小撮多香果粉
少許雪莉酒醋
75克糖
鹽、現磨黑胡椒

以中火加熱一個大的平底鍋後，倒入蔬菜油。油熱了以後，魚皮朝下，放入鯖魚片，魚肉部分以鹽與胡椒調味。煎3至4分鐘後，翻面繼續煎1分鐘。完成後將魚取出，保溫備用。

在同一鍋中，加入大黃、多香果粉與醋。將火調小、持續以小火煮約1分鐘。加入糖以後，繼續熬煮到大黃變軟即可（大約3至4分鐘）。

盛盤時，將大黃分進4個盤子裡，每盤再擺上一片鯖魚，魚皮朝上。最後，再依照個人口味以鹽調味即可。

大黃塔油封鴨腿——歐洲傳統的搭配方式

4人份

濃郁的鴨肉與微酸的大黃，在歐洲這樣算是滿傳統的搭配。在這裡，我不過是把平常只被當作醬汁的酸甜、粉紅醬料，包進香酥的塔皮，搭配一旁的鴨肉。鴨腿最好在食用的前一天就先準備。

6根大黃莖，每根約24公分長
100克酥皮，超市買的也可以
1大匙蜂蜜
1大把切碎的開心果仁
1大撮鹽
4隻油封鴨腿（請參考70頁）

大黃切成一半。將酥皮擀成長方形，大黃排在酥皮上時，酥皮的長、寬都必須多出2公分。用叉子在整張酥皮上插出小洞，這樣能避免酥皮在烤的時候過度膨脹。將酥皮放上烤盤，冷藏1小時。

烤箱預熱至攝氏180度。

大黃放在酥皮上，用酥皮多出來的邊往內折、圈住大黃。放入烤箱烤15分鐘，將酥皮烤熟。從烤箱取出烤盤，在大黃表面抹上一些蜂蜜，再放回烤箱繼續烤4至5分鐘，烤到酥皮呈現金黃色、大黃煮熟即可。從烤箱取出大黃塔，再抹上剩餘的蜂蜜。撒上切碎的開心果仁與海鹽，放在一旁備用。

盛盤時，將鴨腿從油中取出，放在烤肉爐下烤到酥脆。將大黃塔切成4等份，分別放在盤子上，塔上再擺上鴨腿即可。

大黃奶酪——經典的英式甜點

4人份

誰不愛奶酪配水果呢？這是經典的英式甜點，但我在的版本裡，我用了糖薑（註）、小荳蔻和八角來增添風味。

500克大黃，去頭尾，切成塊狀
120克糖
1個小荳蔻莢
1個八角
1小匙糖薑，切碎末
300毫升鮮奶油
100毫升天然優格

將大黃與100克的糖，放入一個大湯鍋中。加入小荳蔻莢與八角。煮到稍微滾開後，蓋上鍋蓋2至3分鐘，讓大黃的水分悶出來。接著打開鍋蓋，加入糖薑後繼續煮到大黃變軟即可。熄火後放涼。

在一個大碗中打發鮮奶油，要攪打到鮮奶油能拉出綿密的尖角。接著，輕輕拌入優格。完成後，放在一旁等到大黃也放涼。

大黃放涼後，取出八角與小荳蔻莢。

盛盤時，大黃放入4個玻璃容器中，用湯匙將打發鮮奶油分別舀入容器，再淋上剩餘的粉紅色醬汁即可。

（註）糖薑 stem ginger，英國有很多罐裝販售的糖薑，其實自製也很簡單，把薑去皮切塊後放到鍋子裡，倒入冷水覆蓋薑塊，用文火慢煮，等水蒸散至無法淹過薑塊時，加入適量的糖充分攪拌，蓋上鍋蓋煮沸，放涼後把薑與糖水一併裝入密封罐中保存即可。

蘋果
從樹上直接摘下來啃，天底下最棒的事

英國以蘋果聞名世界—我們擁有超過1200個品種。蘋果是我最愛的秋季水果，但身為一個英國廚師，我總覺得我們用得不夠多。沒有比啃一顆新鮮、完美、直接從蘋果樹上摘下來的蘋果更棒的事了。在奧黛特餐廳的菜單上，我們全年都有提供某種蘋果製成的佳餚。

蘋果原本產自中亞的哈薩克，現在當地仍有許多野生品種。當地的蘋果風味包羅萬象，西方所認知的蘋果風味都能涵蓋其中。所以，你說不定可以回到這個蘋果的發源地，從頭研發出自己獨特的品種呢。或許我就該這麼做！

每一種料理都有其適合的蘋果種類。例如，你不會沒事去啃一顆用來釀蘋果酒的蘋果；也不會拿煮菜用的布萊姆利（註）蘋果來榨成蘋果酒。除了味道不同，有些蘋果的口感也比較輕脆、紮實，適合用來做法式塔類料理；口感較鬆軟的蘋果，煮的時候較容易分解，很適合做成醬汁。因此，以下幾種蘋果食譜中，我有特別註明我認為哪一種蘋果，最適合哪一道的料理方式。

（註）布萊姆利蘋果Bramely，19世紀初英國的育種，到1860年之後才開始廣泛出售，果皮大多為綠色並局部泛紅，味道較酸，通常較少直接食用，主要用於烹飪料理入菜或甜點餡料。

蘋果怎麼挑：

*** 挑選紮實的蘋果；沒有瘀青、軟爛的部分，也沒有爆開或被蟲咬的外皮。**

蘋果醬 —
學會這個，你再也不會去買罐裝的

6-8人份

甜甜、酸酸的蘋果醬是我的最愛之一，而且做法非常簡單，簡單到你再也不會去買罐裝的蘋果醬了。

4顆蘋果，削皮，去芯，每顆切成4塊
1大匙砂糖

其中3顆蘋果大略切丁後放入一個大湯鍋。剩下1顆蘋果刨成絲，再倒入鍋中。加入砂糖後以中火熬煮約10分鐘，途中偶爾攪拌一下，煮到蘋果皆煮熟、分解即可。熄火後，稍微放涼即可食用。

布林的秘訣：
如果你喜歡滑順的蘋果醬，煮好之後，你可以將蘋果醬倒進果汁機或食物調理機打成泥。

蘋果黑莓奶酥——撫慰人心又美味無比的甜品

4-6人份

可口的秋季奶酥是一道家常、撫慰人心又美味無比的甜品，簡直無懈可擊。這是一道經典的英式甜點。使用整顆的黑莓，能讓烤好的內餡增添美妙的風味。

內餡：
12顆蘋果，削皮，去芯
125克砂糖
250克黑莓，保留完整顆粒

奶酥：
250克中筋麵粉
200克砂糖
200克冰奶油
150克杏仁片

烤箱預熱至攝氏160度。

將3顆蘋果切成丁，與製作內餡用的砂糖一起放入厚平底鍋中。加水到剛好蓋過蘋果即可，以小火煮到蘋果變軟，途中偶爾攪拌。視你用哪一種蘋果，這步驟大概需要5分鐘左右，請持續觀察。完成後熄火，用叉子的背面將蘋果丁壓碎備用。

剩下的蘋果切成適口大小，盡可能大小一致。加入煮熟的蘋果拌勻，再拌入黑莓後放在一旁備用。

接著製作奶酥：將麵粉與砂糖一起放入一個大碗中。冰奶油切小丁後加入，用手指將奶油揉進麵粉與砂糖，直到整份材料呈現像大塊的麵包屑質地。加入杏仁片拌勻。接著將全部食材倒進一個烤盤，在烤盤上鋪均勻後，放進烤箱大約10分鐘，烤到呈現金褐色即可。這麼做能讓最後放在蘋果上的奶酥更香、更酥脆。

蘋果與黑莓內餡倒入一個大的派盤中，上面鋪上烤過的奶酥。放進烤箱繼續烤10分鐘即可。

布林的秘訣：
這份食譜中，我推薦大家使用布萊姆利蘋果，但你也可以試著找找看英國比較古老、少見的品種：諾佛克彼芬（Norfolk Biffin）。在維多利亞時代，這種蘋果是很受歡迎的烹調用蘋果，也是著名烹飪作家伊麗莎・艾克頓（Eliza Acton）愛用的蘋果品種。

蘋果薄片塔—
早餐和下午茶都適合

4人份

酸酸、脆脆的蘋果薄片，鋪在柔軟的杏仁餡上。可以當作甜點，看是要搭配早上的咖啡，還是配下午茶呢？由你來決定。

200克酥皮，超市買的也可以
少許麵粉，防沾用
8顆蘋果，去芯，削皮，切薄片
50克杏仁餡（182頁食譜上約1/4的量）
50克熔化奶油，另再多準備一些，用來抹油
50克砂糖

在工作台上灑上一點麵粉，將酥皮擀成3公釐的厚度，完成後切出4個直徑15公分的圓形。圓邊往內1公分處，用刀子在酥皮上劃出一個內圓，但不要切到底，酥皮烤過後會膨脹起來，形成一圈外皮。用叉子在內圓表面插出幾個小洞。將酥皮移到鋪了烘培紙的烤盤上，放進冰箱冷藏至少2小時。

烤箱預熱到攝氏180度。

從冰箱取出酥皮。在內圓表面抹上杏仁餡，再將蘋果薄片以順時針方向、彼此稍微重疊的方式鋪在杏仁餡上，最後一片蘋果片應該能剛好疊在第一片下方。完成後，抹上一些熔化奶油，並灑上一些砂糖。

放進烤箱烤20分鐘，或烤到塔烤熟、呈現金黃色澤即可。

食用時，可以搭配冰淇淋或鮮奶油享用。

櫻桃
風味強烈，彷彿擁有特殊的魔力

我愛櫻桃。它們有一種特殊魔力。而且，春天櫻花樹盛開的景象，真是浪漫。每次看到櫻花，不由得期待起櫻桃季的到來。到了秋天，修剪樹木之後，拿修剪下來的櫻桃木燻肉、燻魚最棒了。甚至，將櫻桃木當作煮飯的柴火也很棒。

我記得，剛開始在普羅旺斯當廚師的時候，有一次，必須為當晚要用的所有櫻桃去核，準備做法式焗布丁；但結束之後，我全身噴滿血紅色的櫻桃汁，看起來簡直就像某部恐怖片裡的臨時演員！在廚房工作，大家總是看得出來，是哪個菜鳥廚師被分到這份差事……

夏至的櫻桃最美味。那時候的櫻桃風味最強烈，顏色的選擇也多；從黃粉色到深石榴紅，甚至深到黑色的都有。為了徹底品味這些自然界的紅寶石，在蓋芙赫許餐廳，我們會把裝在冰過的大碗裡，仍保留著梗的新鮮櫻桃直接端給客人，讓他們享用這純粹、多汁的水果天堂。請盡可能選購當地品種的櫻桃。拜託！一些本地的櫻桃品種正在消失，而我們的櫻桃果農也需要你的支持。

櫻桃怎麼挑：

*** 挑選保留著梗的櫻桃——外觀應該飽滿、光亮、多汁。**

*** 不要買碰撞過、軟爛的櫻桃。**

櫻桃焗布丁——
從傳統法式甜點延伸的新做法

4人份

香甜的烤卡士達裡，閃爍著新鮮、酸甜、深紅多汁的櫻桃——一道傳統的法式甜點，雖是不一樣的版本，但同樣令人驚艷。搭配一點鮮奶油最好吃，但記得別加太多、蓋掉布丁本身的風味。

40克熔化奶油，稍微放涼，另再多準備一些，用來為烤盤抹油
50克中筋麵粉
70克砂糖
200毫升鮮奶油
3顆雞蛋
300克櫻桃，去核，切半

烤箱預熱至攝氏160度。20公分蛋糕烤盤或個別的塔盤用奶油抹油。

在一個大碗中將麵粉過篩。加入砂糖拌勻。再依序加入鮮奶油與雞蛋後拌勻。最後在麵粉糊裡，加入熔化奶油拌勻。

將櫻桃均勻撒在蛋糕烤盤或塔盤中。將麵粉糊倒入、蓋過櫻桃。放入烤箱，烤到膨脹起來並且呈現金黃色澤——如果是一個大容器，大概需要30分鐘；若是個別的小容器，則是8至12分鐘。

請趁溫熱時享用。

酒漬櫻桃巧克力冰沙—十分性感的甜點冰品

4人份

深紅到幾乎發黑的櫻桃，搭配令人口水直流的黑巧克力冰沙；這性感的組合有點像70年代紅極一時的黑森林蛋糕，我只不過是做了一個現代化的版本。

酒漬櫻桃：
100克奶油
175克糖
500克櫻桃，去核
200毫升紅酒
半顆柳橙的汁與皮
半條香草莢
50克切碎的開心果仁，裝飾用

巧克力冰沙：
200克黑巧克力（可可濃度64以上的塊狀巧克力，切碎）
800毫升水
200毫升牛奶
80毫升葡萄糖漿
250克砂糖
60克可可粉

在一個厚平底鍋中加入奶油與糖。小火加熱直到開始冒泡泡後，加入櫻桃並攪拌均勻。加入紅酒、柳橙汁與削下來的柳橙皮，最後加入香草莢。熬煮到微滾後熄火，放涼備用。

接著製作巧克力冰沙。將巧克力放入一個大碗中。在一個大的湯鍋中加入水、牛奶、葡萄糖漿、砂糖與可可粉，以中火加熱到煮沸。接著將液體倒入裝著巧克力的碗中，不斷攪拌使巧克力熔化。持續攪拌到混和物呈現滑順、光亮的質地後放涼。

放涼以後將混和物倒入冰淇淋機中攪拌。完成之後放入冷凍庫備用。

記得在食用這道甜點的前20分鐘，將冰沙從冷凍庫移到冷藏。

盛盤時，從平底鍋中取出香草莢，用湯匙將櫻桃與湯汁放入淺碗中。櫻桃上面放上一大匙巧克力冰沙，最後撒上切碎的開心果仁即可。

西洋梨
香氣撲鼻，粉嫩多汁

就像肉類需要適當地懸掛熟成，水果也必須熟透。熟透的西洋梨美味無比：香氣撲鼻、稍微粉粉的口感卻多汁，配上一片乳酪就太完美了。大家都知道，西洋梨與巧克力是絕妙的搭配；加一點溫潤的香料也能襯出西洋梨的甜。無論是新鮮、還是煮熟的西洋梨都很好吃，但唯一的條件就西洋梨是必須是熟的。吃到一顆沒熟的西洋梨，就像是在啃磚頭。通常，為了預防蟲害，果農會將仍未成熟的西洋梨先摘下來。所以，如果你很不幸的買到這樣的西洋梨，建議把它們放在香蕉旁邊，這樣會熟得稍微快一些。

跟蘋果一樣，西洋梨也有各種適合不同料理的品種。常用的西洋梨當中，科米思梨被公認是最好用的品種：香、甜，跟其他品種相比粉粉的口感也較不明顯。它們配乳酪或單吃都很好吃。康佛倫斯梨是經典的英國西洋梨品種。威廉斯梨又稱巴特列特梨，這個用來釀造著名的威廉梨酒的西洋梨，算是全能的品種，單吃或烘培都很適合。

西洋梨怎麼挑：
*** 避免選購有瘀痕、蟲咬或外皮有皺痕的。**
*** 找手感紮實的西洋梨。**
*** 檢查成熟度時，輕壓西洋梨梗旁邊的外皮，應該要稍微有一點軟。**

香料漬梨佐波爾拉斯乳酪——氣味辛辣的乳酪可襯托漬梨的甜美

4人份

波爾拉斯乳酪（Perl Las），是一種來自威爾斯卡爾菲利地區的藍紋乳酪，味道鹹、氣味強烈辛辣，很適合搭配這些甜甜的香料漬梨。

1瓶紅酒，750毫升
125克糖
1個八角
1枝肉桂

紅酒、糖與所有香料放入一個大的厚平底鍋。煮沸後將火轉小，繼續熬煮5分鐘後熄火放涼。紅酒放涼以後，將西洋梨全部加入鍋中。鍋子放回到爐火上，以小火煮到微滾，繼續熬煮到西洋梨變軟即可。完成後熄火，放置在一旁讓洋梨繼續泡在香料酒中冷卻。

1粒丁香
1個小荳蔻莢
4顆西洋梨，削皮、去芯
300克波爾拉斯乳酪

西洋梨冷卻後，可與波爾拉斯乳酪一起享用。

布林的秘訣：如果找不到波爾拉斯乳酪，可以搭配其它好的藍紋乳酪，如洛克弗爾（Roquefort）、斯提爾頓（Stilton）或古岡左拉（Gorgonzola）藍紋乳酪。

英式反轉洋梨塔 —— 又是一道法式經典甜點的英國版

4人份

一道法式經典甜品的英式版本。不過，這裡用的是西洋梨。科米思梨是西洋梨中，最甜、最多汁的品種，煮的時候也能保持洋梨的外型。鑲入奶油裡的八角，為這道料理增添了一點香料的香氣。西洋梨必須前一天先準備。

4顆西洋梨
70克無鹽奶油
2個八角
70克糖
100克酥皮，超市買的也可以
少許麵粉，防沾用

西洋梨削皮，去芯，切成4等分。放在冰箱裡隔夜，讓水分稍微蒸發。西洋梨會因此稍微變色，但這因為是要拿來煮熟的西洋梨，所以不必擔心。

烤箱預熱到攝氏160度。

使用一個能放進烤箱的20公分平底鍋。將奶油均勻抹在鍋底，再將八角壓進奶油裡，接著均勻撒上砂糖。將洋梨切口朝上，均勻擺在砂糖上方。

在工作台上灑上一些麵粉防沾黏，再將酥皮擀成3公釐厚度，盡可能將酥皮擀成一個圓形；擀好的酥皮應該能覆蓋並超出平底鍋。將酥皮蓋在洋梨上，將邊緣多出來的酥皮塞入平底鍋、包覆邊緣的洋梨。

平底鍋以中火加熱5至6分鐘，使洋梨開始焦糖化，再將平底鍋放入烤箱，烤40分鐘，直到酥皮呈現金褐色、洋梨的黏膩醬汁稍微冒出來即可。從烤箱取出後，放涼約5分鐘。

接著將一個大盤子，面朝下、蓋在平底鍋上。小心翼翼地將平底鍋與盤子同時翻過來，讓洋梨塔落在盤子上（動作盡量快一點，因為焦糖化的醬汁非常燙）。取出並丟棄八角後，請趁熱食用，並搭配美味的香草冰淇淋享用。

杏仁洋梨塔——絕佳的飯後甜點

4-6人份

這個經典的法式洋梨塔，經常被稱為布魯耶爾洋梨塔（Tarte Bourdaloue）。有人說，當初第一家做出此洋梨塔的糕點店，就位在巴黎的布魯耶爾大道，這個塔也就因此而命名。無論如何，這道洋梨塔絕對是飯後的最佳甜點。

西洋梨餡：
1公升水
350克砂糖
1條肉桂條
4顆西洋梨，削皮、去芯

塔皮：
225克中筋麵粉，再多準備一些，用來防沾
140克冷藏無鹽奶油，切成小塊，再多準備一些，用來抹油
1小撮鹽
75克砂糖
2顆雞蛋
蛋液少許，最後上色用

杏仁餡：
250克無鹽奶油（室溫）
250克砂糖
4顆雞蛋
25克杏仁粉
50克中筋麵粉

杏桃果醬1大匙，當作糖釉

先煮洋梨。在一個大型、厚底湯鍋中，加入水、糖與肉桂，以中火加熱至微滾。加入完整的洋梨，熬煮到洋梨變軟即可，大約需要10至15分鐘。完成後放在一旁，讓洋梨在醬汁中冷卻。

接著製作塔皮。在一個大碗中，將麵粉、奶油、鹽與糖拌勻。加入蛋後快速拌勻，形成麵團。從大碗中取出麵團，用保鮮膜包起來，使用之前要在冰箱放4小時。

取一個23公分活動式塔盤（塔盤底部可取出），塔盤抹上一層薄油。在工作台上灑上一點麵粉防沾，再將麵團擀成約5公釐厚。將擀好的塔皮鋪在塔盤底部，邊邊多出來的部分不必切除，這樣能保持塔底的形狀，烤完以後也很容易切除。將塔皮與塔盤一起放入冰箱，冷藏40分鐘。

烤箱預熱至攝氏180度。在冷藏過的塔盤上，鋪一層烘培紙與烘培豆，放入烤箱烤20分鐘。完成之後從烤箱取出，拿掉烘培紙與烘培豆，再將塔盤放回烤箱繼續烤5至7分鐘，直到塔皮呈現金黃色。從烤箱取出後，趁塔皮還是熱的時候，刷上蛋液。將烤箱溫度調降至攝氏160度。

接著製作杏仁餡。在一個大碗中，將奶油與糖快速攪拌均勻，直到奶油的顏色變淡即可。接著加入蛋：一顆一顆加入拌勻，每加入一顆蛋，同時加進一些杏仁粉與麵粉。最後，輕輕拌勻直到麵糊呈現滑順的質地。完成後放在一旁備用。

洋梨從醬汁中取出，放在廚房餐巾紙上稍微吸水。小心地將洋梨縱切成一半，接著再縱切一次；每一次都小心地切，以保持洋梨的形狀。完成後放在一旁備用。

在烤好的塔皮中，填入杏仁餡到塔皮3/4的高度（最後杏仁餡可能會有剩）。洋梨切面朝下、排入杏仁餡裡，用刀子輕輕地在洋梨表面劃幾刀。接著將洋梨塔放進烤箱烤40分鐘，或烤到塔皮膨脹且洋梨塔呈現金褐色澤即可。洋梨塔從烤箱取出後放涼，並切除多餘的塔皮。

在一個小平底鍋中，以小火將杏桃醬稍微熔化。趁洋梨塔仍溫熱時，用熔化杏仁醬當作糖釉，刷在塔的表面。洋梨塔放至室溫後即可切片、盛盤享用。

李子
最令威爾斯人感到驕傲的水果

每一位威爾斯人，無論男女，都會以他們的家鄉為傲。但是身為一個來自登比郡的廚師，與其他人相比，我更是以我的家鄉為傲，因為我的老家有當地特產的一種李子。很少人能這麼說吧？

有一個說法是，這種李子是羅馬人引進來的。我不知道這說法究竟是不是真的，但能確定的是，早在1780年代末期就有資料紀載，我們的登比李是不同的李子品種。我叔叔的農舍旁就有一棵李樹，我非常喜愛用這種渾圓、香甜的紫紅色水果所做成的烤水果奶酥。

登比李的故事，跟世界上許多當地稀有水果品種的故事一樣。隨著我們購物習慣的改變，我們開始習慣購買超市裡的蔬果，因此超市沒有推出的蔬果品種，需求量會漸漸地減少。畢竟，除非顧客不斷指定要某個特定的品種（像是澤西皇家馬鈴薯），超市沒有必要推廣特定的蔬果品種，因此農夫就沒有意願種植這種沒人要的品種了。這就是登比李差點絕種的原因。大家同心協力，費了一番工夫才將它救回來。2010年，凱戴信託基金會（Cae Dai Trust）提供專用地設立果園，利用當地水果專家伊恩・史特洛克（Ian Sturrock）所提供的母株，現在登比郡每年都會舉辦一年一度的登比李節，慶祝登比郡獨特的李子復育成功。

李子怎麼挑：

*** 表皮色澤均勻；手感紮實，但能夠稍微往下壓。**

*** 不要挑選過軟、受到碰撞的水果。**

*** 檢查成熟度時，輕壓西洋梨梗旁邊的外皮，應該要稍微有一點軟。**

焦糖李子水果麵包配蜂巢冰淇淋——最近很流行的威爾斯道地水果甜點

4-6人份

這道料理融合了我最喜愛、也最熟悉的幾樣東西：奶奶的巴拉水果麵包、當地特產的登比李，以及加了蜂蜜的冰淇淋。你也可以在前一天，先製作冰淇淋備用。

自製蜂巢：
50克蜂蜜
125克葡萄糖漿
60毫升水
325克砂糖
1大匙小蘇打粉

冰淇淋：
4顆雞蛋黃
500毫升牛奶
350克鮮奶油
180克自製蜂巢脆片（見上方）

焦糖李子：
1顆柳橙的汁
1小撮乾燥薰衣草
1個八角
100克蜂蜜
200毫升水
10個李子，去核，切半

配料：
50毫升蔬菜油
2片切成1公分塊狀的巴拉水果麵包（請見215頁）

先製作蜂巢。將蜂蜜、葡萄糖漿、水與砂糖放入厚底湯鍋，加熱到煮滾，且變成金黃色的焦糖。熄火後拌入小蘇打粉。然後將焦糖倒入鋪了烘培紙的烤盤上，靜置一旁放涼、定型。放涼後，將蜂巢剝成塊狀。

製作冰淇淋時，在一個大碗中將所有蛋黃攪打成滑順、厚實的液體。將牛奶、鮮奶油與180克的蜂巢放入一個厚底湯鍋中，以小火加熱到煮滾，過程中持續攪拌使蜂巢熔化。將加熱過的牛奶混和物倒入蛋黃液中，持續攪拌直到混和均勻。完成後將混和物倒回鍋中，以小火持續加熱至液體呈現霜狀，若插入一根湯匙，霜狀的液體須能夠完整覆蓋湯匙的背面、不滑落。接著將液體通過細的篩網，倒入一個碗中，並且攪拌均勻。放涼後放入冰箱冷藏至液體完全冷卻

冷藏過後，將液體倒入冰淇淋機，攪拌到變成冰淇淋，但不要攪拌得過於扎實。完成後倒入合適的容器中，放進冷凍庫直到需要盛盤之前。記得在食用前20分鐘，先將冰淇淋從冷凍庫拿出來，放入冰箱冷藏。

烤箱預熱至攝氏180度。將柳橙汁、薰衣草、八角、蜂蜜與水放入一個小湯鍋中。加熱煮沸後，繼續熬煮3至4分鐘，但不要讓液體上色。

李子切面朝上，放在有一點深度的烤盤上，將調味糖水倒入，放進烤箱烤約4至6分鐘，直到李子變軟，且稍微焦糖化即可。完成後從烤箱取出，保溫備用。

在一個厚平底鍋中加熱蔬菜油。加入巴拉麵包塊，煎到麵包酥脆但不乾澀即可。用一個大漏勺取出麵包塊，放在餐巾紙上放涼。

盛盤時，將適量的李子分別舀入碗中。淋上烤盤裡的焦糖醬汁，再撒上烤好的麵包塊。食用時，搭配一大匙蜂巢冰淇淋即可。

糖漬李子優格奶酪—— 一直都是人氣甜點

4人份

義式奶酪一直都是人氣甜點。不過，這款奶酪特別滑順，優格的微酸也很適合搭配糖漬李子的甜味。

糖漬李子：
250毫升水
100克糖
1/2條肉桂條
1/2條香草莢
6顆李子，去核，切成4等分

奶酪：
3片吉利丁
250毫升鮮奶油
100克砂糖
1條香草莢
250克自然優格

先處理李子。將水、糖、肉桂條與香草莢放入一個厚底湯鍋中。加熱煮滾後，繼續熬煮2至3分鐘。接著放入李子，繼續煮到李子變軟即可。此時可以試試味道：如果李子吃起來有點酸，再加一點糖。李子煮軟後熄火，讓李子繼續泡著醬汁、靜置放涼。

接著製作奶酪。將吉利丁片放入一點冷水中，擺在一旁泡到吉利丁片變軟。將鮮奶油、糖與香草莢放入一個大的厚底湯鍋中，以中火加熱到煮滾。一旦煮滾，立即熄火並取出香草莢。

從泡軟的吉利丁片中，擠出多餘的水分，將吉利丁片放入加熱過的鮮奶油液體中，攪拌至吉利丁完全熔化即可。然後將液體通過細的篩網，倒入4個烤模或玻璃容器中。放涼後放入冰箱冷藏、定型，大約需要2小時。

奶酪從冰箱取出後，食用時放上一些糖漬李子，並且淋上一點醬汁即可。

檸檬
威廉斯家的廚房裡，永遠都一定會有這個水果

我認為檸檬是廚房裡不可或缺的食材，無論是自己家裡的廚房，還是奧黛特餐廳裡的廚房裡，我無法想像我的廚房連一顆檸檬都沒有。檸檬能為一道料理增添新鮮感、色彩與令人愉悅的香氣。

檸檬和醋一樣，能為料理加上一點酸味，這是很重要的調味元素。我們常常以為，調味就只是加一點鹽和胡椒，但調味的世界其實更深奧。「調味」是為了讓食物增添風味而打下的基礎，而酸味能讓人的口腔分泌唾液，讓人食慾大開，因此是關鍵之處。

幸好，現在一年四季都能取得檸檬。我們再也不需要從那種小塑膠瓶中，擠出幾滴檸檬汁到鬆餅上了！我都會選用未上蠟的檸檬，好處是可以利用檸檬的皮，檸檬皮裡的油也比較純、比較沒有雜質；壞處則是沒有上蠟的檸檬無法久放，檸檬會熟成得比較快。但這也不是什麼大問題，因為這些美麗的水果，無論是用在鹹食還是甜點都很對味，很快就會用光了。

檸檬怎麼挑：
*** 檸檬需要手感紮實，拿起來感覺有一點沉重— 這表示這顆檸檬非常多汁。**
*** 市面上有皮又薄又滑順的品種，也有表面坑坑巴巴的阿瑪菲（Amalfi）品種，無論是哪一種檸檬，最好挑選表皮沒有碰撞痕跡、看起來沒有乾乾皺皺的檸檬。**

檸檬凝乳醬 —
在威爾斯家總是很快就吃完

可製作約400到600毫升

充滿檸檬香氣、滑順又濃郁，在我們家冰箱，這罐醬料很快就會見底！

4顆檸檬的汁
100克無鹽奶油，切成小塊狀

將檸檬汁、奶油與糖放入一個可加熱的碗裡，再將碗放在一個加了滾水的湯鍋上，隔水加熱時，確保鍋裡的水不要直接碰觸到碗的底部。隔水加熱時，持續攪拌碗內食材，直到奶油與糖熔化。然後加入打好的蛋液，以小火持續加熱至液體如霜狀，

300克糖
4顆雞蛋，打散

若插入一根湯匙，霜狀的液體須能夠完整覆蓋湯匙的背面。完成後熄火，趁凝乳醬仍然溫熱時，將其舀入乾淨的玻璃罐中，玻璃罐用220頁介紹的方式殺菌。密封後靜置一旁放涼。

布林的秘訣：這罐檸檬凝乳醬可以在冰箱裡保存約1個月。

檸檬玉米粉蛋糕——充滿陽光一般的蛋糕

6-8人份

對我來說，這是充滿陽光一般的蛋糕。玉米粉非常適合加上一點檸檬，因為這種玉米粉能完全吸收檸檬的風味，同時保留適當的口感與嚼勁。

225克軟化無鹽奶油，再準備多一點，抹油用
225克砂糖
225克杏仁粉
1條香草莢，只取裡面的香草籽
3顆雞蛋
2顆檸檬的汁與皮
225克玉米粉
2小匙泡打粉
1小撮鹽

烤箱預熱至攝氏160度。取一個23公分底部為活動式的蛋糕烤盤，抹上一層薄油。

奶油與砂糖在一個大碗中攪打，然後拌入杏仁粉與香草莢裡的香草籽。一顆一顆地加入雞蛋攪打。再加入檸檬汁與檸檬皮。拌入玉米粉、泡打粉與鹽。將混和物倒入蛋糕烤盤中，放入烤箱約45到55分鐘，直到蛋糕膨脹、香味四溢即可。

從烤箱取出蛋糕後，蛋糕留在蛋糕烤盤中放涼5分鐘後，再取出放在網架上放涼。

檸檬凝乳芭菲佐草莓—
一頓飯最豪華且獨特的結尾

6人份

濃郁、滑順、豪華又帶著檸檬凝乳的酸味，這道甜品絕對是一頓飯中，最特別的結尾。Pâte à bombe是一個法文詞彙，中文譯為「炸彈麵糊」；它是一種輕盈的糖漿與蛋黃混和而成的餡料，經常作為慕斯與芭菲（parfait）等甜點的基底。這道甜點需要前一天先準備，也需要準備一個煮糖溫度計（sugar thermometer）。

炸彈麵糊：
200克砂糖
50毫升水
5顆雞蛋

檸檬凝乳芭菲：
300克檸檬凝乳（請見190頁）
1顆檸檬的汁
160毫升鮮奶油，稍微打發
160克炸彈麵糊（請見上方）

佐料：
250克草莓，去蒂頭，切半
2大匙砂糖

先製作炸彈麵糊。將砂糖與水放入一個大的湯鍋中，以中火將糖熔化。煮滾以後，鍋內放入煮糖溫度計。

此時，將蛋黃放入電動攪拌機的碗中，用打蛋器將蛋黃攪打至呈現膨脹、滑順的質地。

注意觀察煮糖溫度計：溫度一旦達到攝氏120度，立即熄火。趁電動攪拌機仍在打發蛋黃時，將熱糖水倒入攪打中的蛋黃液體，繼續攪打至液體呈現滑順、如黃色雲朵般的乳霜狀即可，大約需要4到5分鐘。完成後擺在一旁放涼，過程中偶爾攪拌一下，直到炸彈麵糊完全冷卻。

在一個乾淨的大碗中，將檸檬凝乳與檸檬汁拌勻。輕輕地拌入稍微打發的鮮奶油。然後再輕輕地拌入炸彈麵糊，確保混和物仍然保持蓬鬆的狀態。完成後將混和物分別倒入6個烤模中，放進冷凍庫過夜。

將草莓放入一個碗中，撒上砂糖並擠上剩餘的檸檬汁。擺在一旁1小時，直到入味。

食用前，從冷凍庫取出烤模，用一個溫熱、圓頭的刀子將芭菲脫模，放到盤子上；也可以讓芭菲留在烤模中，直接上桌。最後用草莓裝飾即可。

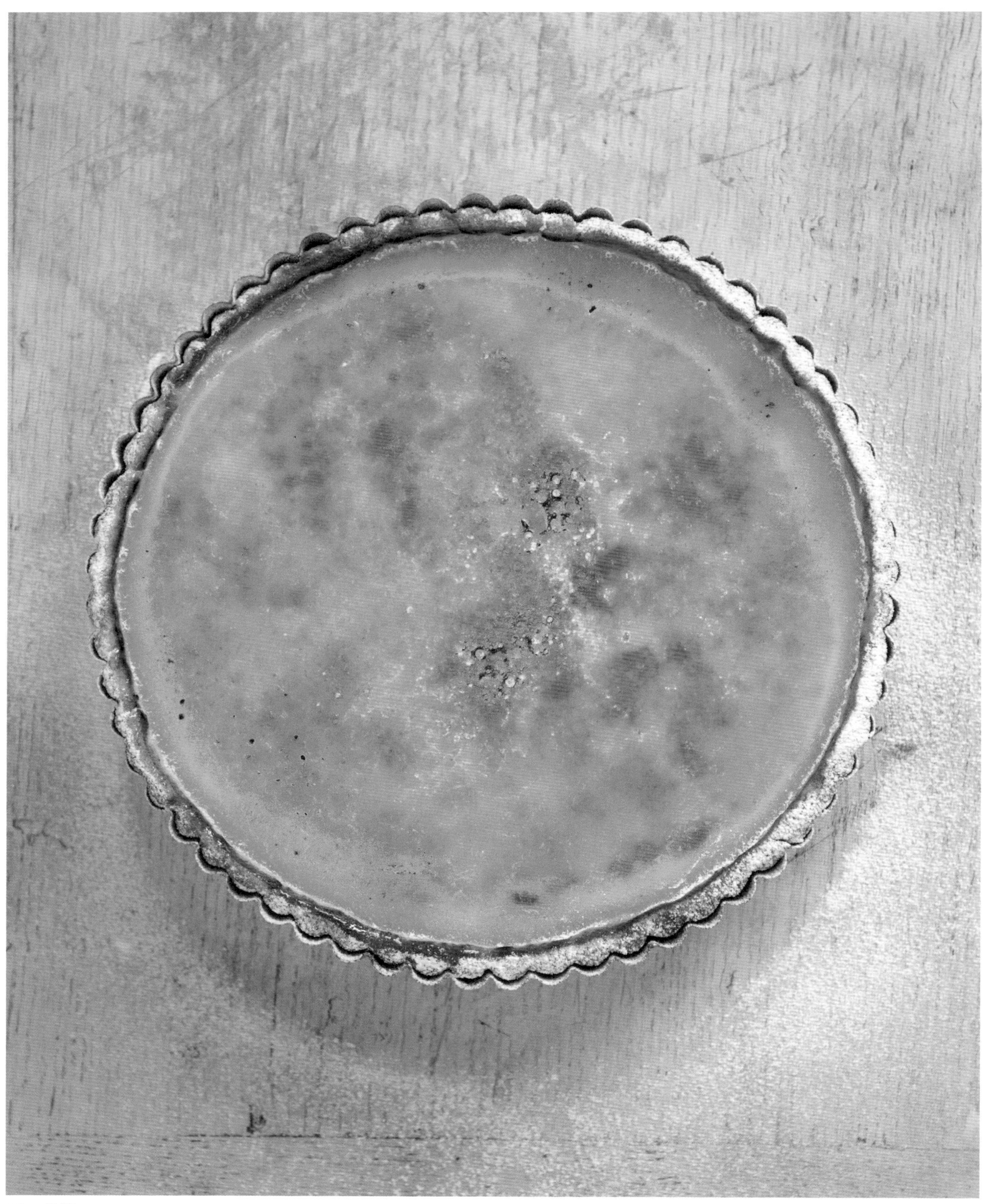

檸檬塔——
奧黛特餐廳經典甜點，應讀者要求一定要收錄

8人份

自從我上一本書出版後，我的朋友、客人就開始不斷要求，假如我要寫第二本書的話，一定要加上他們指定的某種食譜。被要求最多次的食譜，就是這個檸檬塔，這是我們在奧黛特餐廳提供的甜點。既濃郁又滑順，檸檬香氣十足，非常經典。製作這個塔需要前一天開始準備。

5顆檸檬
380克砂糖
9顆雞蛋
250毫升鮮奶油
少許無鹽奶油，抹油用
1份甜塔皮（請見219頁）
少許麵粉，防沾用
少許蛋液，刷塔皮表層用
少許糖粉，撒糖粉用

將檸檬汁擠入一個大碗中。再加入砂糖，攪拌至糖熔化。

將蛋打入另一個碗中，用叉子戳破蛋黃。加入鮮奶油厚略為攪拌，不要將蛋液打發。將混和的蛋液倒入糖與檸檬汁裡，攪拌均勻但不要過度攪拌、保持鬆散的結構。

將混和的液體通過細的篩網，不要用力過篩，倒入一個碗裡中。將碗放入冰箱一晚。

烤箱預熱至攝氏180度，在23公分塔盤抹上一層薄油。

從冰箱取出甜塔皮。在工作台上灑上一點麵粉防沾，再將塔皮擀成約5公釐厚。將擀好的塔皮鋪在塔盤底部，邊緣多出來的部分不必切除，這樣能保持塔底的形狀完整，烤完以後也很容易切除。將塔皮與塔盤一起放入冰箱，冷藏40分鐘。

在冷藏過的塔皮上，鋪上一層烘培紙與烘培豆，放入烤箱烤20分鐘。完成之後從烤箱取出塔盤，拿掉烘培紙與烘培豆，再將塔盤放回烤箱繼續烤5到7分鐘，直到塔皮呈現金黃色即可。從烤箱取出烤盤後，趁塔皮還是熱的時候，刷上蛋液。這麼做能讓塔皮定型。

將烤箱溫度調降至攝氏120度。

將塔盤放入烤箱的烤架上，再將液態的檸檬餡倒入，裝滿塔盤。烤約30到40分鐘，直到內餡定型，塔的中心呈現如果凍般的質地即可。從烤箱取出後，在室溫靜置放涼3小時。

檸檬塔放涼以後，將邊緣多餘的塔皮切除，小心地將檸檬塔脫模。撒上糖粉，並且用噴槍稍微使表面焦糖化。盛盤時，切片即可上桌。

香料

香料

論香氣與風味，沒有比現摘的香草更棒的了。我一直都想在奧黛特餐廳外頭，種一個香草園的原因（真的，我總有一天會著手進行），就是因為能讓廚師到戶外逛一圈，親自從植物上，採摘料理所需的香草，真的是最棒的事情。

香草能支撐整道料理，提供更豐富的味道與香氣，讓一道菜更富有層次。我一直都認為，香草就像是主角身後的背景，我也希望鼓勵大家，在各式料理中勇於實驗、使用不同的香草。伊莉莎白．大衛（註）的名言之一，就是「以何種香草入菜，跟一個人的口味與偏見有關」。沒有人說絕對不能在冰淇淋裡，加入月桂葉或羅勒，或是煮雞肉料理時，不能加薰衣草或迷迭香。唯有不斷嘗試，才能找到你最中意的組合。

不過，在這個章節，我選了幾種香草，並且讓它們擔任料理中，最閃耀的主角。

（註）伊莉莎白．大衛 Elizabeth David，英國當代最偉大、最具影響力的美食作家，1950年出版第一本書《地中海飲食》，介紹了當時英國人不甚接受的食材，諸如茄子、橄欖、酪梨、紫蘇、大蒜等等，徹底顛覆了英國人對飲食的概念、態度。

月桂葉冰淇淋——
細微的香氣，低調而有質感

可製作2公升

過去幾個世紀，無論是甜品或鹹點，月桂葉一直是傳統的英式調味料。月桂葉能為這道冰淇淋增添一股細微的香氣，跟現在大家喜愛的香草口味冰淇淋相差甚遠。

1.5公升牛奶
450毫升鮮奶油
6片月桂葉
8個蛋黃
450克香草糖

將牛奶與鮮奶油倒入一個厚底湯鍋中，以小火加熱。加入月桂葉，繼續煮到滾。煮滾之後立刻熄火，擺在一旁放涼，繼續讓月桂葉浸泡在液體中。

在一個乾淨的碗裡，將蛋黃與香草糖打發製成餡乳霜狀備用。泡著月桂葉的牛奶與鮮奶油液體入味之後，將湯鍋加熱至煮滾。然後將煮熱的液體倒入蛋黃混和物中，途中不斷攪拌。

清洗完鍋具後，將混和物倒回湯鍋中，以小火持續加熱至液體如霜狀，若插入一根湯匙，霜狀的液體須能夠完整覆蓋湯匙的背面、不滑落。接著將液體通過細的篩網，倒入一個碗中，並攪拌均勻。放涼後放入冰箱冷藏至液體完全冷卻。

冷藏過後，將液體倒入冰淇淋機，攪拌到變成冰淇淋，但不要攪拌得過於紮實。完成後倒入合適的容器中，放入冷凍庫直到需要盛盤之前。記得在食用前20分鐘，先將冰淇淋從冷凍庫拿出來，放進冷藏。

薰衣草烤布蕾——非常特別又芬芳的甜品

6人份

很多人以為，種植薰衣草就只是為了它的香味。但它迷人的香氣其實也能入菜，尤其是加進南法的佳餚中。我覺得薰衣草和烤布蕾味道非常相襯。傳統的烤布蕾都是香草口味，但以薰衣草代替的話，你能做出一道非常特別又芬芳的甜品。

400毫升鮮奶油
100毫升牛奶
1小匙新鮮薰衣草
8個蛋黃
75克砂糖，再多準備一些，用來撒在烤布蕾上

烤箱預熱至攝氏120度。

將鮮奶油與牛奶到入一個湯鍋，以中火加熱。加入薰衣草後，繼續加熱到煮滾。煮滾以後立刻熄火，靜置10分鐘，繼續讓薰衣草入味。

靜置時，在一個大碗裡將蛋黃與砂糖打發成霜狀。將溫熱的牛奶混和物倒入蛋黃液體中，攪拌均勻。然後通過一個細的篩網，倒入6個烤模中。

將烤模放入一個有點深度的烤盤，在烤盤裡倒入溫水，蓋過烤模的一半即可；這麼做能夠讓布蕾均勻受熱。小心地將烤模放入烤箱，烤約40到50分鐘，直到布蕾定型。完成後從烤箱取出烤盤，從水裡取出烤模，靜置放涼。

放涼以後，將布蕾放入冰箱冷藏至完全冷卻。等到布蕾完全冷卻，食用前，表面撒上一點砂糖，用瓦斯噴槍將砂糖烘烤至焦糖化。

等到表層的焦糖冷卻之後再上桌，讓賓客用湯匙敲碎表層後享用。

香草油酥——
為任何肉類增添酥脆口感與豐富滋味

可製作250克，或分成約14份

這是一種美味、鹹香、充滿各種香草的油酥，它能為任何肉類或魚，加上一點酥脆的口感與豐富的滋味。試著將油酥鋪在一塊水煮的魚片上，放在烤爐下大火烘烤一會兒；或是將油酥抹在生雞肉上，放進烤箱、浸潤在奶油中慢慢烤熟。

200克軟化的無鹽奶油
200克白麵包粉
70克扁葉歐芹，切碎
30克韭菜，切碎
30克香艾菊，切碎
1瓣大蒜，切末
切達乳酪，刨絲
鹽、現磨黑胡椒果麵包（請見215頁）

將所有食材放入果汁機或食物調理機中，攪打至混和物完全變綠色、質地滑順即可。將香草油酥倒在一層防油紙上，上面再鋪一層防油紙，然後將油酥擀成4公釐厚。儲放在冰箱裡，需要使用時再取出。

你可以將這個油酥切成任何形狀，在烹煮之前覆蓋在肉類或魚肉上。香草油酥也能放在冷凍庫長達1個月。

薄荷醬——
酸中帶甜，沁涼如水

可製作約1餐的份量

我愛薄荷醬，不只是因為這是搭配羊肉的經典英式醬料，也是因為我喜歡這個醬料的味道。除了明顯的薄荷味，它又酸中帶甜。製作這款薄荷醬，請盡量使用最新鮮的薄荷。

6大匙薄荷（切碎）
3大匙白砂糖
200毫升麥芽醋（malt vinegar）

將薄荷與糖放入一個碗中。倒入3大匙的熱水後，靜置放涼。然後拌入麥芽醋，靜置1個小時入味後，請立即享用—這種現做的醬料不宜久放。

青醬──
起源自古羅馬的經典義式醬料

可製作6到8份

青醬是一種經典的義式醬料。它來自義大利的熱那亞，但是起源可能更古老。古羅馬人會將香草與乳酪混和，製作一種叫做「莫瑞藤姆」（moretum）的抹醬。他們會將所有食材放入石臼中磨碎，石臼的英文為mortar，莫瑞藤姆就是因此得名，成品像是古代版、放了更多香草的法國柏森乳酪。這款青醬是最完美的夏日義大利麵醬。

400克羅勒葉
70克烘烤過的松子
100克帕瑪森乳酪，刨絲
1瓣大蒜，去皮
400毫升橄欖油
鹽、現磨黑胡椒

將羅勒葉、烘烤過的松子、帕瑪森乳酪與大蒜瓣放入果汁機或食物調理機，加入一小撮鹽與一小撮黑胡椒。攪打到食材的質地變得滑順──大約4到5秒鐘即可。不要攪打過久，否則羅勒會失去原本的顏色。

攪打完將果汁機邊緣的羅勒刮到下方，然後倒入橄欖油。用果汁機大略攪打，直到食材混和──大約5秒鐘即可。食用時，將青醬拌入煮到彈牙的義式寬麵條裡。

布林的秘訣：如果你想儲存這款青醬，只需將青醬舀入一個消毒過的玻璃罐中（方法請見220頁），完成後在上方倒入1公分厚的橄欖油，完全覆蓋青醬的表層即可。這麼做可以讓青醬在冰箱冷藏大約1個月。這個小撇步也適用於206頁的野蒜青醬。

野蒜青醬——更濃郁、更鮮明、更美味

可製作6至8份

野蒜的產季很短，所以揀選一些來做這款青醬，絕對值得；跟傳統的青醬相比，它的味道更濃郁、更鮮明。拿來做義大利麵醬非常美味，也很適合搭配140頁的馬鈴薯沙拉。

400克野蒜葉
200克菠菜嫩葉
140克烘烤過的松子
100克帕瑪森乳酪，刨絲
600毫升橄欖油
鹽、現磨黑胡椒

將野蒜葉、菠菜嫩葉、烘烤過的松子與帕瑪森乳酪放入果汁機或食物調理機，加入一小撮鹽與一小撮黑胡椒，快速攪打、拌勻。

攪打完將果汁機邊緣的葉子刮到下方，然後倒入橄欖油。用果汁機大略攪打，直到食材混和—大約5秒鐘即可。立刻將青醬冷藏，以保持它的顏色，並盡快享用。

飲料

我一直都想要在某一本食譜書裡，加入一個關於飲料的章節—包括酒精性飲料與無酒精性飲料—只需使用來自大自然的食材，加一點糖、一點水，和一點耐心。

記得按照220頁的方式，為使用的玻璃瓶消毒、殺菌。

黑醋栗濃縮果汁——花許多時間做這道飲料絕對是值得的

可製作1.2公升

你可能覺得，把黑醋栗變成濃縮果汁之前還得先將它冷凍或許有點奇怪，但這跟釀造冰酒（eiswein）時，壓榨冷凍過的葡萄是一樣的原理：水果裡的糖分與其它固體成分不會被冰凍，只有水分會結成冰。因此，透過這種方式就能夠濃縮果汁，花這麼多時間絕對是值得的。

1公斤熟透的黑醋栗，最好冷凍一晚後解凍
450克砂糖
半顆檸檬的汁

將解凍完的黑醋栗、砂糖與檸檬汁放入果汁機攪打均勻。在一個碗上放置一個鋪了一層紗布的漏水網，再將果汁機裡的混和物倒入碗中。將邊緣的紗布往中心折疊，上面放上一個重物，幫助擠出果汁，整體放入冰箱冷藏一晚。

試飲一些果汁，如需調整甜度，再加入一點糖。將果汁倒入一個乾淨的容器中，可以放冰箱冷藏5到7天，也可以將濃縮果汁冷凍。

飲用前，黑醋栗濃縮果汁以1：2的比例對水即可。

自製檸檬水——生津止渴又新鮮

可製作1公升

美國人有句諺語：「當生命給你檸檬時，你可以把它做成檸檬汁」。有時候，我很想將這金玉良言改成195頁的檸檬塔，但其實我也很喜歡來一杯自製檸檬水；它新鮮又生津止渴，最適合在大熱天喝上一杯。

3顆檸檬的汁與皮
1小枝檸檬百里香
170克糖
300毫升水
700毫升冰過的氣泡水

將檸檬皮、檸檬汁、檸檬百里香與糖放入一個碗中。食材拌勻後，倒入無氣泡的水，再將碗蓋起來靜置一晚，可以的話偶爾攪拌一下。完成後，過篩倒入一個乾淨的水壺，再倒入冰氣泡水。

布林的秘訣：成人可以選擇加一點琴酒或伏特加一起飲用。

黑刺李琴酒——深秋午後的驅寒聖品

可製作約1公升

我很喜歡以野味入菜，所以每年秋天回到威爾斯老家的時候，我常會跟我老爸和艾文叔叔一起去打獵。能獵到一隻雉雞，當然很令人開心，但是最令人心滿意足的是，能夠一邊喝著黑刺李琴酒，一邊跟大家聊天聊一個下午。黑刺李琴酒最能驅寒了。

500克黑刺李（sloe或blackthorn）
225克白砂糖
琴酒足以蓋過、醃泡的量

用一個乾淨的針，在黑刺李堅韌的表皮上，刺出數個小洞，再將黑刺李到入一個消毒過的罐子中（請見220頁的方法）。加入砂糖以後，倒入足以蓋過食材的琴酒，並且在酒與蓋子之間保留約3公分的空間。將罐子密封後，搖勻。在一個陰涼、乾燥的地方放置2個月，每5到7天將罐子搖晃幾下。

完成之後，將黑刺李酒過細篩，倒入乾淨、消毒過的瓶子（消毒方式請見220頁），並密封起來。

艾文叔叔的黑莓伏特加——打獵時必喝的威爾斯家鄉味

可製作約1公升

從我有記憶以來，我的艾文叔叔都會自己釀造這種酒。每次去打獵，他一定會隨身帶著一小瓶，分給大家喝。

1.1公斤黑莓
1瓶伏特加
100克

將黑莓放入一個大型容器中（我們家都用水桶！）用擀麵棍的底端壓碎黑莓，再加入砂糖與伏特加。攪拌均勻後，將混和物分別倒入2個克爾納密封罐中（Kilner jar）。密封以後，放置在一個陰涼、乾燥的地方，每5到7天將罐子搖晃幾下。

1個月後，試試味道；如果需要再甜一些，這時候可以再加一點糖。完成後，繼續擺放1個月。

完成後，將黑莓伏特加通過細的篩網，倒入乾淨、消毒過的瓶子（消毒方式請見220頁），並密封起來。

基礎料理

這本書裡的某些食譜中，有一些食材需要事前先準備，不過難度都不高；有一些能夠在商店裡買到，但能自己做當然最好了。如此一來，可以自行調整味道—鹽、胡椒、酸味、甜味等等。我決定將這些基礎料理整理在這一章，而大部分的食材都能儲存起來，我也有寫清楚哪些能夠冷凍，或是能夠冷藏多久。

巴拉水果麵包 —— 極致的威爾斯傳統料理

8人份

我上一本書裡，也有這份食譜，但我還是要在這本裡再寫一次。對我而言，巴拉水果麵包的做法就只有一種：我奶奶的！這就是我奶奶的巴拉水果麵包食譜。這款麵包餵養了威廉斯家族好幾個世代，它的歷史比恆溫烤箱的發明還要早很多，因為當我問奶奶製作她這款巴拉水果麵包時，烤箱該設定在幾度、該烤多久的時候，她卻跟我說她不知道。我問，為什麼不知道時，她只回答：「這個嘛，我們星期二都會先烤麵包，再烤巴拉水果麵包，然後再烤野兔派。等烤箱溫度降低後，或許還會再烤個米布丁吧。」這絕對是傳統英國威爾斯料理，最極致的表現。

30克新鮮酵母（或14克簡單的乾燥酵母）
450毫升溫水
900克中筋麵粉，再多準備一些，防沾用
120克紅糖
120克豬油，切小塊
350克醋栗
60克橘皮蜜餞，切碎

在一個900克麵包烤盤內，四邊與底部鋪上烘培紙，烤箱預熱至攝氏180度。

若使用的是新鮮酵母，先將其融入一些微溫的水中；若使用的是乾燥酵母，將酵母拌入其餘的乾燥食材中。在一個大碗中，將麵粉等乾燥食材與豬油一起拌勻。完成後，用手在麵粉中間挖一個可以盛水的凹洞，在凹洞中倒入水。

慢慢地用雙手將麵粉撥入凹洞內，用手指抓捏，直到液體完全被吸收完為止，再漸漸揉成糰狀。搓揉成無粉粒狀態、光滑圓潤、有筋性的麵糰。

將巴拉麵包糰擀成能放入烤盤裡的長條狀。用乾淨的濕布覆蓋在烤盤上，靜置在一個溫暖的地方，直到麵糰膨脹2倍，需要約1個小時左右。

放入烤箱烤約40分鐘，直到表面呈現金褐色即可。

享用午茶時，可以在巴拉水果麵包上，抹上一點奶油一起享用。或是將巴拉麵包用在185頁的甜品裡。

紅酒醋沙拉醬—經典而又有深度的醬料

可製作400毫升

這是一個經典的沙拉醬，因為加了一點濃郁的雪莉醋（sherry vinegar），而更富有深度。

50毫升紅酒醋
50毫升雪莉醋
200毫升橄欖油
100毫升蔬菜油
鹽、現磨黑胡椒

將兩款醋倒入一個碗中，以鹽與胡椒調味後，將兩種油拌入。這款沙拉醬能在冰箱冷藏約1個月。

芥末沙拉醬—帶有蘋果香氣的開胃醬料

可製作350毫升

辛辣的酸味，又帶一點蘋果醋的溫潤與蘋果香氣。我非常喜愛這個沙拉醬。

50毫升蘋果醋
1大匙芥末籽醬
200毫升橄欖油
100毫升蔬菜油
鹽、現磨黑胡椒

將醋倒入一個碗中，以鹽與胡椒調味後，再拌入芥末籽醬與兩種油。這款沙拉醬能在冰箱冷藏約1個月。

松露油醋醬—頂級奢華的滋味

可製作200毫升，約4至6份

有點奢侈，但極度好吃。

100毫升紅酒
20毫升紅酒醋
50毫升松露油
200毫升橄欖油
1小顆黑松露
鹽、現磨黑胡椒

將紅酒倒入一個湯鍋中，以大火加熱，煮到紅酒濃縮成三分之一的量即可熄火。加入紅酒醋。拌入松露油與橄欖油後，以鹽與胡椒調味，再削入黑松露。

奧黛特餐廳沙拉醬——本餐廳全年無差別供應

可製作約1.2公升

這是我們奧黛特餐廳裡必備的沙拉醬。加了辛辣的英式芥末和白胡椒粒，讓沙拉多了一點後勁。利用浸入式電動攪拌棒將食材打碎，讓這款醬料更滑順。你可以把它放進密封罐裡，放入冰箱等著下次搭配沙拉享用。

1公升蔬菜油
20克鹽
1大匙白胡椒粒，稍微壓碎
1顆紅蔥頭，去皮、切碎
200毫升白酒醋
50克第戎芥末醬
50克英式芥末醬

將所有食材放入一個大碗中，將碗蓋起來放入冰箱靜置24小時。

使用浸入式電動攪拌棒將食材攪拌成滑順的質地，再通過細的篩網即可。

這款醬料能在冰箱保存約1個月。

香料番茄甜酸醬——冷盤、肉類、燉菜...用途最廣的醬料

可製作約600毫升

可搭配乳酪、冷盤肉類食用，或加進各種其它醬料與燉菜裡，這款醬料跟一罐好的醬菜一樣，用途多變、非常實用。

130毫升麥芽醋
140克紅糖
2大匙番茄糊
2小匙鹽
1小匙辣椒粉
1小匙薑末
1公斤紅番茄（參考144頁的方法去皮、去籽，大略切碎）

將所有食材，除了紅番茄，放入一個大的厚底湯鍋中，以中火加熱到煮滾。然後加入切好的番茄，小火熬煮30至40分鐘，偶爾攪拌避免沾鍋，直到呈現果醬般的質地即可。

熄火後用湯杓舀入乾淨的玻璃瓶罐中（參考220頁的方式為瓶罐消毒）。瓶罐上標明製作日期。這款甜酸醬能在冰箱冷藏約6個月。

豌豆高湯 —
奧黛特餐廳唯一指定使用高湯

可製作1.5公升

我們奧黛特餐廳都是用這個自然鮮甜的高湯，來煮餐廳裡用的碗豆。製作方式相當容易，又能利用到原本只會被丟棄或拿去堆肥的碗豆莢。

1公斤碗豆莢
1小枝百里香
1小撮薄荷葉
1大撮鹽
1大撮糖

將所有食材放入一個大湯鍋。倒入冷水蓋過食材，以大火煮滾後，將火調小，繼續熬煮20分鐘。完成後熄火，過篩倒入一個乾淨的水壺裡，靜置放涼。

布林的秘訣：這款高湯很適合拿去冷凍，加蓋最多也能冷藏5天。

萬用糖漿 —
各種料理的好搭檔

可製作約300毫升

這款糖漿很方便，可以加進各種料理中。我有將它用在22頁的「松露與鳳梨薄片」食譜裡。

250毫升水
125克砂糖

在一個厚湯鍋裡，倒入水與砂糖煮滾，過程中持續攪拌使糖溶化。

煮滾以後立即熄火，靜置放涼。當糖漿冷卻之後，倒入一個有蓋子的容器中，放入冰箱冷藏，需要使用時，這款糖漿應該是充分冷卻的。

香酥塔皮麵糰—
我保證這是最完美的塔皮

可製作足以鋪滿23公分塔盤的麵糰

250克中筋麵粉
125克冷藏無鹽奶油，從冰箱取出，切成小塊
1小撮鹽
1小撮糖
1顆雞蛋
1大匙牛奶

濃郁、充滿奶油香氣又酥脆，這是最完美的塔皮—我敢保證！

在一個碗中，用指尖搓揉麵粉與奶油，直到混和成麵包屑一般的質地即可。加入鹽與糖。再加入蛋後拌勻。最後加入牛奶，再揉成麵糰。從碗中取出麵糰，用保鮮膜包起來。使用前，需在冰箱裡靜置冷藏4小時。

布林的秘訣：麵糰用保鮮膜包起來之後，即可拿去冷凍保存。

甜塔皮麵糰—
甜點就用這一款

可製作足以鋪滿23公分塔盤的麵糰

250克中筋麵粉
150克冷藏無鹽奶油，從冰箱取出，切成小塊
1/2小匙鹽
75克砂糖
1顆全雞蛋
1顆雞蛋黃

這是一款經典、濃郁、微甜的香酥塔皮。

將麵粉、奶油、鹽與糖放入電動攪拌機的碗中。再加入全蛋與蛋黃，快速將麵糰攪打成型。從碗中取出麵糰，用保鮮膜包起來。使用前，需在冰箱裡靜置冷藏4小時。

製作醬菜與醬料的玻璃瓶罐，該如何殺菌？

製作醬菜與蜜餞時，先將要使用的玻璃瓶罐徹底消毒、殺菌是非常重要的。同樣地，如果你要製作這本書裡提到的黑刺李琴酒或黑莓伏特加，也需要為製酒的瓶子殺菌。以下是我所使用的簡易方法。

首先，用溫水與清潔劑，將玻璃瓶罐與其蓋子洗淨。用熱水沖洗乾淨之後，倒放在乾淨的紙巾或布上晾乾。在一個大型深鍋中，倒入足量的水，並將水煮滾。將玻璃瓶罐、蓋子放入鍋中，繼續大火滾或小火熬煮10分鐘。以廚房用夾子或鉗子將玻璃瓶罐與蓋子取出，注意不要用手指碰觸到瓶罐內部。擺在一旁利用剩餘的熱度將瓶罐晾乾。

你也可以將乾淨的瓶罐與蓋子放入洗碗機，不另外加入洗劑，用最高溫沖洗、烘乾。以廚房用夾子或鉗子將玻璃瓶罐與蓋子從洗碗機中取出，注意不要用手指碰觸到瓶罐內部。擺在一旁利用剩餘的熱度將瓶罐晾乾。

致謝

感謝Kyle Books裡的大家，也謝謝Kyle不斷給予的支持與鼓勵。
非常感謝Kay的協助，謝謝你整理我的這些食譜。

謝謝Annie、Rosie和Wei為本書做出的貢獻—這需要非常高的團隊默契。
謝謝Andy拍攝超棒的照片。
謝謝Dave、Jamie和奧黛特餐廳的團隊夥伴，在我寫書的期間繼續努力不懈。感謝Fiona幫我安排時程，確保我在對的時間，出現在對的地方。

最後，感謝Aboud Creative的Alan和Lisa讓這本書更生動有趣。

索引

編輯室補充：本書食材台灣購買指南

本書中採用之部分食材，在台灣一般商店較少見，但在特定商店（如進超市店、有機農夫市集、食品材料行等）可購得，以下是編輯部針對這些食材所做的購買資訊補充。

德安居有機農場
www.facebook.com/euroveggie
根芹菜、防風草、櫻桃蘿蔔、櫛瓜(櫛瓜花)、各品種萵苣、各品種番茄…等。

小磨坊
www.tomax.com.tw
羅勒、迷迭香、百里香、肉桂、薑黃、孜然、月桂、奧勒岡葉

晴洋行/香草先生/MR.Vanilla
www.facebook.com/MrVanillaBeanstw
香草精、香草莢

食宴市餐飲原料食品賣場（雅虎奇摩拍賣）
http://goo.gl/hHlDiF
孜然、芫荽、綠豆蔻...等

香料櫥櫃 各式進口香辛料（露天拍賣）
http://goo.gl/PGQHLj
茴香、蒔蘿子、綠荳蔻、肉荳蔻、杜松子、多香果、紅花…等

尋味市集
www.findfood.com.tw
第戎芥末醬、帕馬森起司

橄欖飲食有機保養專賣店
oliviers-co.com.tw
石磨芥末醬

以上食材其他購買管道：食品材料行、大賣場、生鮮超市、百貨公司附設超級市場、中藥行、假日花市。

蔬食料理技藝大全：
英倫名廚布林教你運用32種家常蔬果，烹調出105道少肉多蔬的原味料理
（原書名：半素主義：蔬食與肉的風味平衡）

作者　布林・威廉斯 Bryn Williams
　　　凱伊・普朗琪特霍格 Kay Plunkett-Hogge
譯者　游卉婷、王心宇
責任編輯　曹仲堯
封面設計　劉子璇
內頁排版　范綱燊
行銷企劃　黃怡婷

發行人　許彩雪
總編輯　林志恒
出版　常常生活文創股份有限公司
E-mail　goodfood@taster.com.tw
地址　台北市106大安區建國南路1段304巷29號1樓

讀者服務專線　02-2325-2332
讀者服務傳真　02-2325-2252
讀者服務信箱　goodfood@taster.com.tw
讀者服務網頁　https://www.facebook.com/goodfood.taster

法律顧問　浩宇法律事務所
總經銷　大和圖書有限公司
電　話　02-8990-2588
傳　真　02-2290-1628

製版　凱林彩印股份有限公司
定價　新台幣580元
特價　新台幣499元
改版一刷　2018年7月
ISBN　978-986-94411-4-8

國家圖書館出版品預行編目(CIP)資料

蔬食料理技藝大全：英倫名廚布林教你運用32種家常蔬果，
烹調出105道少肉多蔬的原味料理 / 布林.威廉斯(Bryn Williams),
凱伊.普朗琪特霍格(Kay Plunkett-Hogge)作；游卉庭，王心宇譯.
-- 初版. -- 臺北市：常常生活文創, 2018.07
面；　公分
譯自：For the love of veg : get the best out of your seasonal fruit and vegetables
ISBN 978-986-94411-4-8(平裝)

1.烹飪 2.食譜

427.8　　106014448